面向CS2013计算机专业规划教材

计算机科学与工程导论
基于IoT和机器人的可视化编程实践方法
第2版

陈以农 陈文智 韩德强 著

Introduction to Computer Science and Engineering
Practical Programming Method of Visual Programming Based on IoT and Robot Second Edition

机械工业出版社
CHINA MACHINE PRESS

图书在版编目（CIP）数据

计算机科学与工程导论：基于 IoT 和机器人的可视化编程实践方法 / 陈以农，陈文智，韩德强著 . —2 版 . —北京：机械工业出版社，2017.7（2023.4 重印）
（面向 CS2013 计算机专业系列教材）

ISBN 978-7-111-57444-6

I. 计⋯　II. ①陈⋯　②陈⋯　③韩⋯　III. 计算机科学 – 高等学校 – 教材　IV. TP3

中国版本图书馆 CIP 数据核字（2017）第 157157 号

本书以培养学生对计算机科学与工程专业的兴趣为宗旨，以培养问题解决能力为目标，从具体到抽象，将计算机科学的基本原理和动手实践有机结合，通过图形化的编程语言、机器人实验、手机应用和 Web 开发等工具及案例，使学生了解基本的程序设计、计算机原理、软件工程等计算机知识，并把整门课组织成了一个完整的工程项目。

本书适合作为高等院校计算机导论相关课程的教材，也适合对计算机感兴趣的读者作为入门读物。

出版发行：机械工业出版社（北京市西城区百万庄大街 22 号　邮政编码：100037）	
责任编辑：陈佳媛	责任校对：李秋荣
印　　刷：北京捷迅佳彩印刷有限公司	版　　次：2023 年 4 月第 2 版第 6 次印刷
开　　本：185mm×260mm　1/16	印　　张：14.75
书　　号：ISBN 978-7-111-57444-6	定　　价：39.00 元

客服电话：（010）88361066　68326294

版权所有·侵权必究
封底无防伪标均为盗版

推 荐 序

四年前，我曾为本教材的第1版写过序。自第1版出版以来，本教材相关的课程已经在美国亚利桑那州立大学、浙江大学、浙江大学城市学院、厦门大学、华南理工大学、重庆大学、青岛理工大学、河南理工大学、山东财经大学、宁夏师范学院等高校开设并获得了成功。而且，该课程分别获Intel中国和Google中国支持，在多所学校（包括北京工业大学、浙江大学、宁夏师范学院）举行了大学教师、中学教师和中学生的培训班。很高兴看到本书所取得的成绩！在本书第2版即将付梓之际，我也非常高兴有机会为这本书再次作序。

与第1版相比，第2版全面更新和深化了内容。不仅在书名上有所变化——从计算机扩展到工程，内容上也从机器人延伸到IoT，而且，采用了亚利桑那州立大学自主开发的可视化物联网/机器人编程语言环境（VIPLE）和汉化版软件。硬件平台也从乐高扩展到Intel、ARM和TI的平台。这些更新可望使机器人编程在更多的大学和中学得以推广。

对任何一门学科，其入门教学都非常重要，需要精心设计教学方法。特别是计算机与工程的入门课程，如工程导引和第一门程序设计语言，更需要理论与实践结合，概念与应用挂钩，动脑同时也动手。然而，这个想法虽然普通，但要将其付诸实践却很难，特别是如何把实践和应用放到计算机科学的入门课中就更难。这样一门入门课要让首次接触计算机和程序设计概念的学生能"看见"和"摸到"每个概念是什么，如何运用，应该怎么做。

开设这样一门计算机入门课的难度是多方面的。它必须解决如何在有限的课时内，老师能把概念讲清楚，学生还能动手验证概念的问题。老师不仅要会讲，还必须能手把手地帮助毫无基础的学生在规定的实验课中完成实验。学生不仅要学，要做，而且还要自愿花更多的时间去做得比要求的更好。相应实验设备的选择和维护也将增加开设这样一门课的难度。

无疑，开发和讲授这样一门课将比按传统的方式讲授一门计算机导引或工程导引课程更具挑战性。从国家发展的层面看，计算机产业是最活跃和最具创新的行业，输送合格和足够的毕业生是我们的任务。从教学管理的角度看，随着教育改革的深化，学生可以根据自己的兴趣和爱好来选择专业，也可以在学习期间转换专业。因此，计算机与工程入门课的设计和讲授对于学生了解计算机及相关的工程专业，并对这些专业产生兴趣，为以后的专业课程学习打好基础，就尤为重要。

本书的作者为解决这一问题提供了一种有效方案。他们把基本的计算机与工程原理和程序设计的概念用于机器人的设计和编程中。软件工程的最新成果、可视化编程语言和模块化机器人的应用，是这一解决方案的关键。它使学生能在更高的设计层次上来表达他们的逻辑和思维。尽管增加了动手实验、机器人的构造、编程和比赛，本教材仍然系统地覆盖了计算机导引的主要内容，包括计算机的部件和工作原理、逻辑门的应用、存储器和寄存器结构、算术逻辑单元的设计，以及外围设备的使用。在编程方面，从数据、变量、算法到各种控制结构均有覆盖。从总体结构和教学方法论的角度，我认为本教材最重要的贡献是把整门课的内容组织成了一个完整的工程项目：需求分析、建模、设计、模拟、实现、测试和验收。学生从团队建设开始，定义项目的目标和要求。为了达到定义的项目目标和要求，学生开始学习所需的知识。作为机器人编程的准备，他们需要首先用编程来模拟逻辑门和算术逻辑单元的设计和实现，然后，学习有限状态机模型，并用这一模型来描述并实现一个自动售货机。在准备好需要的知识后，他们以最终的绕障碍机器人比赛为目标来定义要求，用有限状态机来建模，根据模型来设计算法，在机器人的三维模拟环境中测试模型和算法的正确性，测试通过后再将算法放到实际的机器人中进行现场测试。最后，在机器人比赛中验收整个项目。

我衷心希望本书能为计算机科学的教育开辟一条新路，为那些想开设这样一门课程却没有足够资源的学校和老师提供启发和帮助。也希望更多的计算机教材和课程能向理论与实践相结合的方向发展。

我一直很信仰明代大儒王阳明倡导的"知行合一"。作为教师，这是我们对学生的希望，但我们自身更应该在教学中率先垂范。

梅宏

2017 年 4 月

前　言

计算机工业一直引导着世界工业的发展，也是其他行业前进的动力源。计算机科学和计算机工程专业是计算机工业以及相关产业发展的源泉，也一直是全世界最有价值的专业之一。然而，2000年的网络泡沫使计算机工业受到重创，也使计算机科学及相关专业的学位价值第一次受到质疑。计算机科学和计算机工程专业的生源也受到挑战，甚至出现了一场世界范围内的计算机科学生源危机。然而，2000年的网络泡沫的影响是短暂的，计算机工业很快恢复并创造出更高的价值。例如，亚马逊的市值在2000年从其峰值107美元/股一度跌到7美元/股。今天，亚马逊的市值已经远远超过2000年的107美元/股的峰值，并发展成为一家云计算服务的主要提供商。Google更是从一家网络公司发展成为世界最大的公司之一，其业务包含互联网、云计算、移动计算、智能手表、汽车等行业。

然而，计算机工业的恢复并没有消除计算机专业的生源危机。以美国亚利桑那州立大学（ASU）为例。2002年前，ASU每年有200名新生进入计算机科学专业。到2004年，就只有100名新生入学。美国其他大学的情况也与之类似。2008年，美国计算机协会（ACM）发布的计算机科学教学大纲报告（http://www.acm.org/education/curricula/ComputerScience2008.pdf）正式定义2000年之后计算机科学进入生源危机，必须采取有效措施来解决这一危机。ACM在长达108页的报告中用了一整章来阐述这一危机的解决方案。

ACM的报告指出，网络泡沫的影响只是计算机科学专业进入生源危机的导火索，致使计算机科学生源持续危机的真正原因是陈旧的教学方法和内容。计算机科学专业课程，特别是计算机入门课程的教学方法和内容必须使学生感兴趣，想挑战，还要能激发学生的创造性。ACM报告建议从三方面来改进教学方法和内容。

第一，应用领域。计算机科学的教学内容必须更紧密地与应用相结合。

第二，课程设置。计算机科学的教学必须增加学生感兴趣的课程，例如，游戏编程、多媒体计算、机器人、移动计算。

第三，教学方法。教学过程必须生动有趣，以激发学生的学习兴趣，听课的同时必须动手实践，内容有挑战性但必须基于学生的接受能力，教学必须与就业机会相结合。

在ACM大纲的指导下，很多大学开始在计算机的课程中增加学生感兴趣的内容。机器人的引入最为广泛。

为什么基于机器人的计算机科学入门课程没有在10年、20年或30年前发生呢？有多方面的原因：

第一，计算机科学专业的生源一直很好，计算机教育主要注重内容和系统化，没有太多考虑学生的兴趣。

第二，机器人硬件价格高，无法用于大班课程。

第三，机器人涉及硬件和软件，编程复杂，不宜作为入门课程的内容。

近 10 年来，这几方面都发生了根本的变化。计算机科学专业的生源在 2000 年后受到挑战。机器人硬件价格大幅下降，特别是面向服务的软件技术、云计算和可视化编程技术使机器人的编程应用在大学一年级甚至高中教学中成为可能。计算机教育专家和计算机工程师携手合作，开发了多种可视化的教育编程平台，使没有计算机知识和编程基础的高中生和大学低年级的学生能够很快学会计算机应用编程。例如，美国 MIT 开发的 Scratch 以及卡内基·梅隆大学开发的 Alice 动画和编程平台能让学生把他们的故事变成电影和游戏。MIT 的 App Inventor 能让学生很快学会手机 App 编程。

乐高的 NXT 2.0 和 EV3 机器人编程平台采取了轨道式积木编程模式，简单易学，适合中小学的兴趣教学。然而，NXT 2.0 和 EV3 只能用于编程乐高机器人，而乐高机器人在中国价格昂贵，限制了它的广泛应用。

Intel 最新开发的物联网服务编排层（IoT Services Orchestration Layer）在 Linux 操作系统上用可视化的语言编程物联网设备，可以读写连接到物联网控制板上的设备。

微软的机器人开发工作室（MRDS）的 VPL（Visual Programming Language，可视化程序设计语言）可用于编程和控制乐高 NXT 机器人和多种机器人，包括 iRobot、Fischertechnik、LEGO Mindstorms NXT、Parallax robots 和微软的仿真机器人等。MRDS VPL 可以用于编程从简单到复杂的各种应用，广泛用于高中和大学教学中。从 2006 年发布至今，MRDS VPL 建立了一个巨大的用户社区。遗憾的是，在微软的重构过程中，MRDS VPL 项目被终止。尽管微软继续支持 MRDS VPL 的免费下载，但 MRDS VPL 不再支持新的机器人平台，例如，MRDS VPL 不支持取代乐高 NXT 的 EV3 机器人。

为了让 MRDS VPL 的用户社区能够继续他们的机器人程序开发，基于对工作流和可视化语言多年的研究和开发，亚利桑那州立大学（ASU）于 2015 年发布了 ASU VIPLE 机器人开发平台，该平台由陈以农博士领导的物联网及机器人教育实验室开发。陈以农博士于 2003 年和 2005 年受微软资助，参与了 MRDS VPL 的早期研究。从 2006 年微软发布起，ASU 一直使用 MRDS VPL 作为计算机导论课实验工具。当微软终止 MRDS VPL 项目后，ASU 物联网及机器人教育实验室以 MRDS VPL 功能和编程模式为设计说明，自主开发了 VIPLE 平台。VIPLE 有以下特点：

- 继承了 MRDS VPL 的属性和编程模式，具有 MRDS VPL 编程经历的教师和学生可以直接使用 VIPLE。VPL 的教学资料也能为 VIPLE 平台所用。
- 扩展了 MRDS VPL 支持的机器人平台，例如，VIPLE 可以编程乐高的 EV3 机器人。使用 MRDS VPL 编程乐高 NXT 机器人的学校可以直接升级到 EV3。
- 在 VIPLE 程序与机器人之间采用了面向服务的标准通信接口 JSON 和开源的机器人中间件，可让通用机器人平台接入。

- 开发了以 Linux 为操作系统的 VIPLE 中间件并以 Intel Edison 的机器人作为默认平台和套件。VIPLE 中间件已经移植到其他机器人平台。Galileo 和 Edison 的机器人价格不到乐高 EV3 的一半,从而可使基于 VIPLE 和 Intel 机器人的教学能够推广到更多学校。
- 除了 MRDS VPL 的机器人编程功能外,VIPLE 还支持通用的服务计算。VIPLE 支持 C# 源代码模块的插入,也可以调用 Web 服务来完成 VIPLE 库程序中没有的功能。

ASU VIPLE 支持设计思维和使用可视化编程。开发者只需绘制应用程序的流程图(规格设计)而无须编写文本代码。开发环境中的编译工具能够把流程图直接转换成可执行的程序,从而使软件开发变得更容易、更快速。整个软件的开发过程就是一个简单的拖放过程,即把代表服务的模块拖放到流程图的设计平面,然后用连线把它们连接起来。这个简单的过程可以使没有程序设计经验的人在几分钟内创建自己的机器人应用程序。经过一个学期的学习和动手实践后,学生可以编出较为复杂的智能程序,使机器人能探索未知迷宫并走出迷宫。

ASU VIPLE 可用作机器人导论、计算机导论、通信导论或工程导论等课程的实验工具。

下面通过几个程序案例来展示 VIPLE 编程的简单性和实用性,特别是与计算机导论的相关性和对计算机导论课程实验的支持。

案例 1:ASU VIPLE 实现的计数器

该计数器程序从 0 计到 10,并用语音输出服务读出所生成的数字:The number is 0,1,2,3,4,5,6,7,8,9,10。

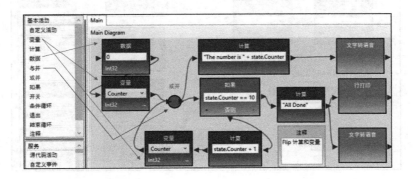

案例 2:车库门遥控器

下图的有限状态机描述了一个单键遥控器。当车库门处于关闭状态时,按下遥控键将使车库门开启。当车库门处于开启状态时,按下遥控键将使车库门关闭。当车库门处于开启或关闭过程中时,按下遥控键将使车库门停止运动,再按下遥控键将使车库门继续向之前的方

VIII

向运行。

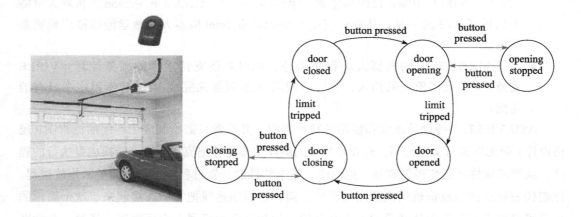

上图的有限状态机可用下图的 ASU VIPLE 程序实现。所使用的单键是控制键 Ctrl。

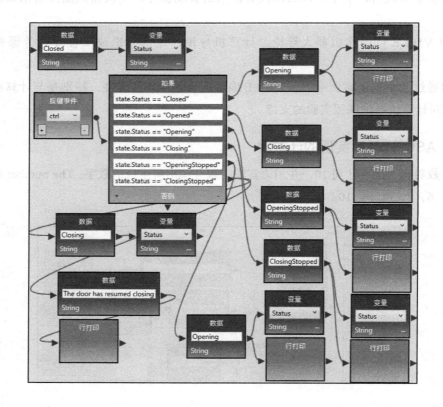

案例 3：遥控 Intel 机器人

以下 VIPLE 程序可以实现用计算机键盘（方向键）来遥控 Intel 机器人的移动，空格键是停止移动。

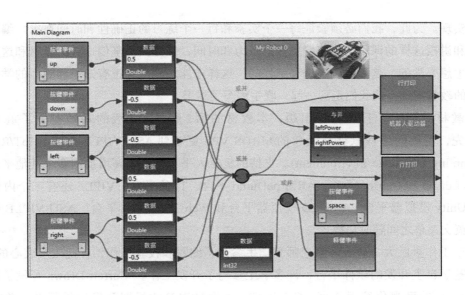

案例 4：迷宫机器人编程

以下程序展示了迷宫机器人编程过程。该机器人具有一个测距传感器，根据前方、左方和右方的距离来决定下一步的走向。

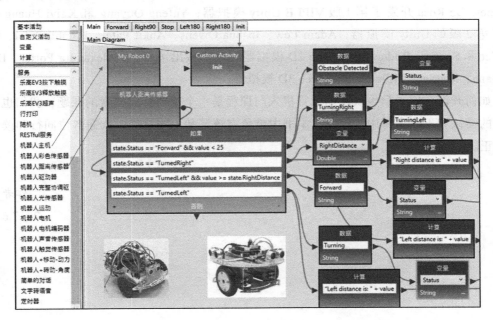

与通常的介绍原理的教材不同，本书是一本介绍原理并实现原理的教材。学懂一个原理后，学生还必须把该原理应用到实践中。比如，当学懂了运算器的工作原理后，学生必须用 VPL 编写一个运算器，并测试实现的运算器能否正确完成运算任务。当设计了一个迷宫漫游算法后，学生必须把该算法编程到机器人中，测试机器人能否在迷宫中不迷路。

所以，我们的教材不但必须保证原理的正确，还必须保证正确的原理能被学生在给定的时间内实现。为此，我们必须验证每一个实验和每一个练习的正确性和时间要求。编写这样的教材和讲授这样的课程，会花费更多的精力和时间，但是我们坚信这样的教材和这样的课程是学生想要学的，是学生能学透和记住的，这样才能培养出真正有知识和能力的学生。正是这样的教学理念，使我们走到一起，联手编写了本书。

本教材的第1版于2013年出版，本教材的第2版在第1版的基础上做了重大的改进。首先，主要的编程软件从微软的MRDS VPL更新到ASU VIPLE (Visual IoT/Robotics Programming Language Environment)。支持的机器人平台也从乐高增加到多个其他平台，包括Intel Edison和Galileo平台、ARM pcDuino平台、TI的平台。VIPLE还有三个内建仿真平台：Unity模拟器平台、Web 2D模拟器平台和Web 3D模拟器平台。ASU VIPLE可以在中文和英文菜单之间随时切换。

由于工作量巨大，还有许多老师和学生参与了编写和校验工作，在此表示衷心的感谢。本教材基于自主开发的软件平台，许多学生参与了开发工作。Garrett Drown开发了第1版的eRobotics的可视化编程语言；Calvin Cheng为VIPLE的早期开发提供帮助，并在EV3 API的开发上做出了贡献；Gennaro De Luca负责VIPLE的主要开发工作；Tara De Vries对VIPLE开发中的服务集成做出了贡献；Megan Plachecki、John Robertson和Sami Mian在JSON的接口设计、Edison机器人的中间件实现以及机器人的硬件实现方面做出了贡献；Matthew De Rosa开发了第1版VIPLE Unity模拟器；Yufeng Ouyang和Kaiyi Huang等开发了第2版的Unity模拟器；Adam Lew、Joshua Owens、Ankit Patel、Harshil Patel、Peter Tueller和Spencer Rodewald在Web 2D模拟器开发中做出了贡献；Alexandra Porter、David Orellana、Matthew Miller开发了Web 3D模拟器。

如何开设一门受学生欢迎的计算机入门课程是一个值得持续探索的课题，我们也在进一步的尝试和不断完善中。因此，本书中难免有疏漏和不当之处，欢迎各位同行和读者批评指正。

作者

2017.6

教学建议

本书定义的教程由两部分组成：每周 1 小时授课学时和 2 ~ 3 小时实验学时。授课学时将覆盖计算机导引的基本内容，而实验学时将通过动手练习来加深学生对授课内容的理解。根据开课学校对课程内容的要求和偏重，可以结合本书各章的预备知识选择相关的授课内容。机器人实验部分是本书的重点，内容详尽。每周实验内容按团组设计，每团组由 3 ~ 4 人组成。每周的实验内容分为多个练习，学生可以按部就班地跟随实验指南完成每周的实验内容和练习。每完成一个练习，学生将交换角色，使每人每周均有机会练习不同的技能。

机器人实验部分的各学时内容是紧密相关的，授课教师应尽量根据本书顺序和内容授课。而 Web 应用和手机移动应用实验部分的内容均为选学内容，它们与机器人实验部分是松散连接的。作为一份参考教学计划，下表给出了本书单元与每周教学和实验内容的对应。

周	对应书中的章节	授课内容	实验内容
1	1	课程简介、职业指南 √	实验简介、团队建设、职业机会探索
2	2	可视化语言综述 √	机器人开发环境和 VIPLE 可视化程序设计语言简介
3	3	计算机结构、数字系统和二进制 √	用 VIPLE 可视化程序模拟与、或、非门，以及全加器、多路选择器、算术逻辑单元（ALU）
4	4	事件驱动的编程、有限状态机及其应用 √	有限状态机编程：自动售货机、车库门一键控制
5	5	系统建模、计算机仿真及其应用 √	仿真机器人的编程：仿真机器人遥控和基于有限状态机的迷宫解答
		如果使用自建机器人（选择一）	
6	6	操作系统简介 √	物理机器人的构建
7	6	嵌入式系统与应用 √	系统软件的安装和 VIPLE 中间件的安装
8	7	计算机通信	机器人的传感器编程与迷宫解答
9	7	算法基础 √	迷宫算法分析与优化
		如果使用乐高机器人（选择二）	
6	8	操作系统简介	物理机器人和不同执行器的构建
7	8	嵌入式系统与应用	机器人的传感器编程：迷宫和相扑
8	8	计算机通信	迷宫解答
9	8	算法基础 √	迷宫算法分析与优化

（续）

周	对应书中的章节	授课内容	实验内容
选择一和选择二合并			
10	9	程序设计语言与编程模式	机器人比赛准备与练习
11	10	比赛规则与比赛准备事项 √	机器人比赛：迷宫、寻宝[1]、相扑[1]
12[2]	11	从面向对象到面向服务 √	GUI 设计与编程
13[2]	11	面向服务的计算模式 √	面向服务的编程与 Web 应用开发
14[2]	12	物联网与云计算	Android 手机 App 编程
15	13	如何设计与传达成功的演讲 √	项目演讲准备
16	14	学生项目汇报演讲	学生项目汇报演讲

[1] 寻宝比赛和相扑比赛也可在相关的编程完成之后进行。
[2] 可选内容，也可用其他授课内容和实验内容替代。

在这一参考教学计划中，机器人实验内容是核心。第 1~5 章的计划与教材的实验内容完全一致，每周一章。在第 6~9 周，根据课程需求，可选用自建机器人或乐高机器人。然后，可以用两周的时间进行机器人比赛的准备。如果学生演讲是课程的一部分，可在最后两周进行。

根据课程需求，可以将课程内容扩展到一些相关领域。第 11 章把可视化编程技术扩展到传统的基于文本的 C# 编程，介绍面向对象的编程和面向服务的 Web App 开发。这一章内容很多，基于 C# 的编程比可视化的编程更复杂。用两周的时间可以使学生入门，完成文本编程的基本概念和开发过程。如果学生同时在学或已经学过面向对象的程序设计语言，例如 C++ 或 Java，也可以把本课程与其他课程联系起来。

第 12 章把机器人编程扩展到手机 App 编程。该章也使用可视化编程技术，简单易学，学生可以把所学的可视化编程技术应用到一个全新的领域。如果时间允许，也可以用两周来完成这一章。

把第 11 章和第 12 章放到演讲之前，这样可以给学生更多的时间来准备演讲，也可以丰富演讲的内容。

表左边的授课内容则不必完全与实验内容对应。标注"√"的内容应尽量保持与实验的对应关系，因为实验会用到授课内容。这些内容在教材的理论基础与实验准备部分，供学生阅读。没有标注"√"的内容则相对独立于实验内容，各校可以根据各自的侧重点选择不同的内容。这些内容没有写入本教材中，但是，表左边的授课内容都有完整的 PPT 讲义。采用本书作为教材的老师可登录 https://venus.sod.asu.edu/VIPLE/ 获取相关资源。

本书的附录提供了一个完整的课程设计项目，从问题定义、文献研究、设计、模拟、实现、测试、评价，到团队的组织、正式会议的流程、会议纪要的内容要求、演示幻灯片的制作和演讲技术，系统地介绍了一个项目设计和管理的完整过程。课程设计项目的最终成果验收是学期末的机器人比赛。每一个团队必须用自己设计和编程的机器人完成三项比赛：迷宫、寻宝和相扑。

本书是为高校计算机科学和计算机工程专业学习计算机导论课程的学生编写的，同时适用于机械、电气、电子工程等相关专业。机器人实验部分和 Android 手机 App 编程部分可作为高中的兴趣课程教材，Web App 开发和手机移动 App 开发的部分可作为大专和职业学校的培训教材。

本书按 48 学时设计。根据课程需求，可以压缩到 32 学时或扩展到 64 学时。本书的第 2～5 章（12 学时）可以作为一个独立的模块嵌入其他课程。第 11 章和第 12 章也是相对独立的章节。

目 录

推荐序
前 言
教学建议

第1章 职业发展机会和团队建设 1
1.1 计算机科学和工程的课程体系
    及职业发展 1
    1.1.1 计算机科学和工程的课程
          体系 1
    1.1.2 计算机就业形势分析 2
    1.1.3 计算机不同领域的职业机会 5
1.2 团队建设 6
    1.2.1 合作模式 6
    1.2.2 团队组建 6

**第2章 机器人开发环境和 VIPLE
    入门** 7
2.1 工作流和可视化编程 7
2.2 VIPLE IoT/ 机器人开发环境 12
    2.2.1 VIPLE 的工程设计过程 12
    2.2.2 VIPLE 的活动和服务 13
2.3 VIPLE 的使用 18
    2.3.1 创建程序显示"Hello
          World" 19
    2.3.2 最喜欢的电影 20
    2.3.3 使用或并和 If 活动创建条件
          循环 20
    2.3.4 使用 While 循环 23
    2.3.5 使用全局变量创建一个活动 25
    2.3.6 创建 Counter 活动 27

    2.3.7 建立一个 2-1 多路选择器 28

第3章 逻辑设计与计算机组成 31
3.1 仿真——设计过程中的关键
    步骤 31
3.2 计算机系统 32
    3.2.1 计算机系统的类型 32
    3.2.2 计算机系统的组成 33
3.3 在 VIPLE 中创建计算机系统
    部件 39
    3.3.1 创建逻辑与门 39
    3.3.2 创建一个 1 位全加器 41
    3.3.3 创建一个 2-1 多路选择器 42
    3.3.4 创建一个 4-1 多路选择器 42
    3.3.5 创建一个 1 位 ALU 43
    3.3.6 自动测试 44

**第4章 事件驱动编程和有限状
    态机** 46
4.1 引言 46
4.2 事件驱动编程 46
4.3 有限状态机 48
4.4 用 ASU VIPLE 来解决事件驱动
    问题 51
    4.4.1 创建一个事件驱动计数器 52
    4.4.2 实现一个自动售货机 52
    4.4.3 用事件来实现自动售货机 52
    4.4.4 车库门控制器 53
    4.4.5 奇偶校验 54
    4.4.6 并行计算 55
    4.4.7 线控的模拟 55

第 5 章　模拟环境下的机器人以及迷宫导航

5.1　VIPLE 机器服务 ······················ 58
5.2　VIPLE 支持的机器人平台 ······· 60
5.3　穿越迷宫的算法 ······················ 62
5.4　使用有限状态机的迷宫导航算法 ·································· 63
5.5　在 VIPLE 模拟器中实现自治迷宫导航算法 ···················· 66
　5.5.1　理解迷宫算法 ················ 66
　5.5.2　学习沿墙算法 ················ 67
　5.5.3　编程 Web 机器人使之绕右墙走 ····························· 67
　5.5.4　使用两距离局部最优算法遍历迷宫 ······················· 68
　5.5.5　理解 Unity 模拟器和 VIPLE 程序 ································· 68
　5.5.6　实现 VIPLE 框图 ··········· 69
　5.5.7　实现两距离局部最优算法的活动 ··························· 69
　5.5.8　两距离局部最优算法的 Main 框图 ······························ 70
　5.5.9　Web 2D 模拟器 ·············· 71
　5.5.10　配置 VIPLE 以使用 Web 模拟器 ······················ 72
　5.5.11　在 Web 模拟器中实现沿墙算法的 Main 框图 ········ 73
　5.5.12　在 Web 模拟器中实现沿墙算法所涉及的活动 ······· 73
　5.5.13　在 Web 模拟器中实现两距离局部最优算法的 Main 框图 ··· 75
　5.5.14　在 Web 2D 模拟器中实现两距离局部最优算法所涉及的活动 ·························· 76
　5.5.15　Web 3D 模拟器 ············ 76

第 6 章　机器人硬件组成 ················ 77

6.1　VIPLE 计算与通信模型 ··········· 77
6.2　机器人硬件总体结构 ··············· 79
6.3　主控板 ······································ 79
　6.3.1　Intel Galileo 开发板 ········ 80
　6.3.2　Intel Edison 模块 ············ 81
　6.3.3　Arduino/Genuino 101 ····· 82
　6.3.4　TI CC3200 LaunchPad ···· 83
　6.3.5　专用机器人主控模块 ····· 84
6.4　传感器模块 ······························ 84
　6.4.1　超声波传感器 ················ 85
　6.4.2　红外传感器 ···················· 85
　6.4.3　光传感器 / 颜色传感器 ··· 86
6.5　舵机 ·· 87
6.6　组装伽利略机器人 ·················· 90
6.7　爱迪生机器人硬件和软件的安装 ·································· 97
　6.7.1　爱迪生机器人的硬件安装 ····· 97
　6.7.2　爱迪生机器人的软件安装 ··· 101

第 7 章　Intel 机器人编程 ············ 109

7.1　采用沿墙算法的迷宫导航 ···· 109
　7.1.1　沿墙迷宫导航（Main 框图的第一部分）··············· 109
　7.1.2　沿墙迷宫导航（Main 框图的第二部分）··············· 110
　7.1.3　Init 活动 ······················· 110
　7.1.4　Left1 和 Right1 活动 ···· 110
　7.1.5　Right90 和 Left90 活动 ········ 111
　7.1.6　Backward 和 Forward 活动 ···· 111
　7.1.7　ResetState 活动 ············ 112
7.2　采用局部最优算法的迷宫导航 ··· 112
　7.2.1　用两距离算法解决迷宫问题 ································ 112
　7.2.2　在 VIPLE 里控制 Intel 机器人 ·························· 114

7.2.3 在 VIPLE 程序里实现活动 …… 114
7.2.4 使用一个简化的有限
状态机 …… 115
7.3 使用事件驱动编程的迷宫导航 …… 115
7.3.1 使用事件驱动编程的
Left90 活动 …… 116
7.3.2 使用事件驱动编程的
Left1 和 Backward 活动 …… 116
7.3.3 基于事件驱动活动的 Main
框图 …… 116
7.4 使用光传感器实现基本相扑
算法 …… 117

第 8 章 乐高 EV3 机器人编程 …… 118
8.1 准备知识 …… 118
8.1.1 从 EV3 Brick 得到传感器
读数 …… 118
8.1.2 蓝牙连接 …… 118
8.1.3 通过程序得到传感器读数 …… 119
8.1.4 通过蓝牙或者 Wi-Fi 将
机器人连接到 VIPLE …… 119
8.2 远程控制 EV3 机器人 …… 121
8.2.1 在 VIPLE 中通过连线驱动
机器人 …… 121
8.2.2 改进驱动体验 …… 122
8.3 使用 VIPLE 的循迹和相扑
机器人程序 …… 122
8.3.1 安装一个颜色传感器 …… 122
8.3.2 循迹 …… 122
8.3.3 使用光传感器实现基本
相扑算法 …… 123
8.3.4 使用光传感器和接触
传感器的相扑算法 …… 124
8.4 使用 VIPLE 的 EV3 沿墙程序 …… 124
8.4.1 沿墙迷宫导航（Main
框图）…… 124

8.4.2 编写 Init 活动 …… 125
8.4.3 编写 Left1 活动 …… 126
8.4.4 编写 Right90 活动 …… 126
8.4.5 编写 Backward 活动 …… 126
8.4.6 编写 ResetState 活动 …… 126
8.4.7 编写 Forward 活动 …… 127
8.4.8 在沿墙算法里配置传感器 …… 127
8.5 使用事件驱动编程的沿墙
算法 …… 127
8.5.1 使用事件驱动编程的
Left90 活动 …… 128
8.5.2 基于事件驱动活动的
Main 框图 …… 128
8.6 采用局部最优试探算法的
迷宫导航 …… 129
8.6.1 实现局部最优算法的
Main 框图 …… 129
8.6.2 实现 SensorRight90 …… 130

第 9 章 机器人现场测试和机器人
比赛准备 …… 131
9.1 准备工作 …… 131
9.2 实验作业 …… 131
9.2.1 讨论和会议纪要 …… 131
9.2.2 寻宝比赛 …… 131
9.2.3 迷宫导航比赛的实践 …… 132
9.2.4 相扑机器人比赛的实践 …… 132
9.2.5 完成会议纪要 …… 132

第 10 章 机器人比赛 …… 133
10.1 寻宝 …… 133
10.2 自治迷宫遍历 …… 133
10.3 相扑机器人 …… 134

第 11 章 服务计算与 Web 应用的
开发 …… 135
11.1 并行处理技术 …… 135
11.2 文本语言编程的基本概念 …… 136

11.3 面向服务的架构的基本概念 …… 140
11.4 Visual Studio 编程环境 ………… 144
11.5 实验内容 ………………………… 145
    11.5.1 VIPLE 中的并行和面向服务计算 ……………………… 145
    11.5.2 开始使用 Visual Studio 开发环境和 C# 进行编程 … 146
    11.5.3 创建你自己的 Web 浏览器 … 150
    11.5.4 创建一个 Web 应用程序 …… 151
    11.5.5 创建一个在线自动售货机 …………………………… 154
    11.5.6 使用加密/解密服务建立一个安全的应用程序 ……… 157

第 12 章 Android 手机 App 的开发 …………………………… 161
12.1 预备知识 ………………………… 161
12.2 Android 手机编程 ……………… 162
    12.2.1 Hello World …………………… 163
    12.2.2 Magic 8 Ball ………………… 164
    12.2.3 Paint Pic ……………………… 165
    12.2.4 摩尔泥游戏 …………………… 165
    12.2.5 股票报价 ……………………… 165
    12.2.6 股票走势 ……………………… 165
    12.2.7 射盘子游戏 …………………… 167
    12.2.8 射击多个盘子 ………………… 170
    12.2.9 打砖块游戏 …………………… 172
    12.2.10 使用 App Inventor 编程 NXT Robot ……………… 177
    12.2.11 猜数游戏 …………………… 181
    12.2.12 简单的侧滑板游戏 ………… 183
    12.2.13 记忆游戏 …………………… 186

第 13 章 演讲文稿设计 …………… 197
13.1 演讲前的准备 …………………… 197
    13.1.1 组织演讲稿的技术内容 …… 197
    13.1.2 演示幻灯片设计 …………… 198
    13.1.3 用 Excel 求解模型和创建图表 …………………… 199
    13.1.4 演示幻灯片的评价和评分标准 ………………………… 200
13.2 演讲实践前的测验 ……………… 200
13.3 演讲内容设计与实践 …………… 201
    13.3.1 截屏和图片的编辑 ………… 201
    13.3.2 插入视频 …………………… 201
    13.3.3 使用 Excel 求解模型和创建图表 ……………………… 202
    13.3.4 复制和特殊粘贴 …………… 203
    13.3.5 正式会议中的会议纪要和幻灯片设计 ……………… 203
    13.3.6 创建 PPT 幻灯片 …………… 204
    13.3.7 幻灯片制作的分工 ………… 204

第 14 章 演讲和演讲评分 ………… 205

附录 机器人课程设计项目和比赛规则 ……………………………… 206

第 1 章

职业发展机会和团队建设

在本书中，你可以学到计算机科学和计算机工程中很多关键的概念、原理、方法，了解计算机系统涉及的技术，并运用这些技术和实验环境将抽象的理论、概念、方法等应用到具体的实践中，从而了解计算机应用系统开发的工程设计过程。

在开始学习这些概念、原理、方法和技术之前，我们先来了解一下计算机科学和工程领域的职业发展道路。这样，你可以找到自己感兴趣的发展道路，比如在按照工程设计过程开发系统时，你可以扮演软件工程师或软件开发者的角色。而在这一过程中，大部分工作要以团队形式共同开发完成，因此团队建设及合作是完成工程项目的关键。本章也将通过练习，帮助读者模拟团队建设场景，组建三人的团队（特殊情况下，可以组建两人或四人的团队）。完成团队建设后，进一步开展后续的学习和实践。

1.1 计算机科学和工程的课程体系及职业发展

计算机科学与工程具有巨大的社会影响，这个领域就业前景一直良好，而且是严谨的、理智的、充满活力的、多方面的。毫不夸张地说，我们的生活和现代文明很大程度上依赖于计算机系统和工程师们。现代计算机系统可以协助我们旅行，帮助医生诊断和治疗病人，开发新药品，协助研发设计任何一个复杂的系统，维护系统的正常运作，并保证系统和数据的安全。21 世纪需要大量的熟悉计算机科学和工程的人才，每个领域的专业人士——从艺术和娱乐到通信和健康，从工厂的工人、小企业主、零售店的员工到管理者和 CEO 们，都必须理解计算机技术以提高各自领域的全球竞争力。希望这门课能帮助你明确自己的专业定位和职业方向。

1.1.1 计算机科学和工程的课程体系

我们先从大学层面来看你能学到的与计算机相关的主修课程。图 1-1 概述了相关专业及其覆盖的知识模块。IT（信息技术）通常与计算机硬件、软件、网络、操作系统、数据库等的应用和管理相关。IS（信息系统）课程通常有其他的侧重面，如商业、生物信息系统、医疗信息系统等。

在美国，CS（计算机科学）是最普遍的学科，强调计算机理论和软件。CSE（计算机科学与工程）将计算机工程与技术纳入重点覆盖范围。CE（计算机工程）强调计算机硬件与技术。EE（电子工程）除覆盖计算机硬件、集成电路设计外，还包括能源、动力等领域。几乎没有大学同时设置计算机科学系、计算机科学与工程系和计算机工程系。有些大学将计算机系统和计算机工程分为两个系，或者设有计算机系统工程系（学院），包含计算机系统和计算机工程专业。亚利桑那州立大学设有计算机科学和计算机系统工程两个专业。而计算机工程是电子工程系的一部分。

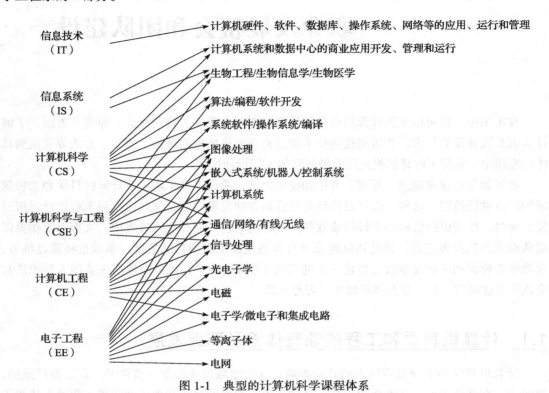

图 1-1　典型的计算机科学课程体系

1.1.2　计算机就业形势分析

计算机相关专业的毕业生有哪些就业机会呢？我们先浏览一下由美国劳工部提供的工作机会列表（来源：https://www.bls.gov/ooh/）。表 1-1 显示了 2008 年至 2018 年相关职位增长评估。

表 1-1　2008 年至 2018 年美国计算机专业就业职位增长率

Occupational Title	Employment, 2008	Projected Employment, 2018	Change, 2008-18	
			Number	Percent
Engineers	1 571 900	1 750 300	178 300	11
Aerospace engineers	71 600	79 100	7400	10
Agricultural engineers	2700	3000	300	12
Biomedical engineers	16 000	27 600	11 600	72
Chemical engineers	31 700	31 000	−600	−2
Civil engineers	278 400	345 900	67 600	24
Computer hardware engineers	74 700	77 500	2800	4
Electrical and electronics engineers	301 500	304 600	3100	1

（续）

Occupational Title	Employment, 2008	Projected Employment, 2018	Change, 2008-18	
			Number	Percent
Electrical engineers	157 800	160 500	2700	2
Electronics engineers, except computer	143 700	144 100	400	0
Environmental engineers	54 300	70 900	16 600	31
Industrial engineers, including health and Safety	240 400	273 700	33 200	14
Health and Safety engineers, except mining safety engineers and inspectors	25 700	28 300	2600	10
Industrial engineers	214 800	245 300	30 600	14
Marine engineers and naval architects	8500	9000	500	6
Materials engineers	24 400	26 600	2300	9
Mechanical engineers	238 700	253 100	14 400	6
Mining and geological engineers, including mining safety engineers	7100	8200	1100	15
Nuclear engineers	16 900	18 800	1900	11
Petroleum engineers	21 900	25 900	4000	18
All other engineers	183 200	195 400	12 200	7

练习：请仔细阅读表格中的数据，并回答下类问题。

1）2018年什么职业在美国需求量最高？

2）什么职业增长速度最快？

3）什么职业增幅最慢？

美国劳工部的报告还给出了计算机专业的本科毕业生和其他相关专业的本科毕业生的起薪比较，可以从劳工部的网页中找到。表1-2和表1-3是由美国有线电视新闻网财经杂志给出的研究结果，表格列出的是美国最好的50种工作（http://money.cnn.com/magazines/moneymag/bestjobs/2010/sectors/#I），排名不仅仅是基于增长率和工资，还考虑了工作压力、创造力和满意率等因素。

表1-2 美国最好的50种职业排名表（来源：CNN财经杂志，2006.12.4）

Rank	Career	Growth	Salary	Rank	Career	Growth	Salary
1	Software engineer	46.07%	$80 427	12	Physical therapist	36.74%	$54 883
2	College professor	31.39%	$81 491	13	Technical writer	23.22%	$57 841
3	Financial advisor	25.92%	$122 462	14	Chiropractor	22.40%	$84 996
4	Human resources manager	23.47%	$73 731	15	Medical scientist	34.06%	$70 053
5	Physician assistant	49.65%	$75 117	16	Physical scientist	12.18%	$80 213
6	Market research analyst	20.19%	$82 317	17	Engineer	13.38%	$76 100
7	Computer/TT analyst	36.10%	$83 427	18	Curriculum developer	27.53%	$55 793
8	Real estate appraiser	22.78%	$66 216	19	Editor	14.77%	$78 242
9	Pharmacist	24.57%	$91 998	20	Public relations specialist	22.61%	$84 567
10	Psychologist	19.14%	$66 359	21	Sales manager	19.67%	$135 903
11	Advertising manager	20.34%	$107 049	22	Optometrist	19.73%	$93 670

(续)

Rank	Career	Growth	Salary	Rank	Career	Growth	Salary
23	Property manager	15.30%	$78 375	37	Lawyer	14.97%	$153 923
24	Actuary	23.16%	$81 509	38	Speech-language pathologist	14.57%	$58 329
25	Writer	17.72%	$60 519	39	Meeting and convention planner	22.21%	$56 072
26	Social service manager	25.52%	574 584	40	Dietitian/Nutritionist	18.30%	$52 244
27	Paralegal	29.75%	$61 204	41	Biological scientist	17.03%	$61 317
28	Health services manager	22.76%	$92 211	42	Financial analyst	17.33%	$66 203
29	Advertising sales agent	16.33%	$112 683	43	Dentist	13.52%	$122 883
30	Physician/Surgeon	23.98%	$247 536	44	Accountant	22.43%	$62 575
31	Management analyst	20.12%	$63 426	45	Environmental scientist	17.11%	$59 027
32	Occupational therapist	33.61%	$51 973	46	Lab technologist	20.53%	$51 502
33	Mental health counselor	27.18%	$53 150	47	Registered nurse	29.35%	$68 872
34	Landscape architect	19.43%	$50 383	48	Sales engineer	13.96%	$78 875
35	Biotechnology research scientist	17.05%	$66 393	49	Veterinarian	17.35%	$79 923
36	Urban planner	15.17%	$60 891	50	School Administrator	14.55%	$73 767

表 1-3　IT 职业排在美国最好职业前 40 位（来源：CNN 财经杂志，2010）

Sector	Job Title:15 out of 40	Rank in top 40
Information Technology	Software Architect	1
	Database Administrator	7
	Information Systems Security Engineer	17
	Software Engineering / Development Director	18
	Information Technology Manager	20
	Telecommunications Network Engineer	21
	Network Operations Project Manager	24
	Information Technology Business Analyst	26
	Information Technology Consultant	28
	Test Software Development Engineer	30
	Information Technology Network Engineer	31
	Information Technology Program Manager	33
	Computer and Information Scientist	35
	Programmer Analyst	37
	Applications Engineer	38

练习：请仔细阅读表格中的数据，回答下列问题。

1）在排名前 50 位的工作中，多少职业与计算机相关？

2）在排名前 50 位的工作中，多少职业与工程技术相关？

3）哪种职业的薪资最高？

在 2015 年 CNN 财经杂志报道中，前十名的工作依次是：软件架构师、视频游戏设计师、地质勘探、专利代理人、医院管理员、持续运动经理、临床麻醉专家、数据库开发者、信息保证分析员、普拉提/瑜伽教练。

名单中有 40% 是信息技术工作。以上报告均没有比较完整的跟计算机专业相关的职业清单。较完整的职业清单可以参考 "Occupational Outlook Handbook"，由劳工部统计局发表于网站 http://www.bls.gov/ooh/。

计算机相关专业的职位清单及要求可以参考网站 http://data.bls.gov。

1.1.3　计算机不同领域的职业机会

计算机不同专业方向对人才的培养目标不同，例如：
- **计算机科学学士学位**，主要培养软件工程师、计算机科学家和不同应用领域的应用程序开发人员。
- **计算机系统工程学位**，主要培养计算机系统工程师，包括软件工程师、硬件工程师和网络工程师。
- **计算机工程学士学位**，主要培养计算机系统硬件工程师，包括计算机硬件工程师和集成电路设计工程师。

不同专业方向有不同的职业机会，下面来分别介绍。

1. 工程方向的职业机会

通过访问 http://www.bls.gov/ooh/，你会获得所有的就业机会数据。选择你感兴趣的方向，查询计算机软件、硬件、通信工程等方面的就业信息。软件工程是一个大型领域，它被单独列在一个页面。

请仔细阅读这些页面，根据页面和子页面提供的信息，填写表 1-4。

表 1-4　工程方向就业机会

职业名称	当前的就业人数	10 年后的就业人数	变化率（%）
生物医学工程师			
计算机硬件工程师			
电子工程师			
工业工程师			
机械工程师			

2. 软件工程方向的职业机会

你可以从链接 http://www.bls.gov/ooh/computer-and-information-technology/home.htm 中获取计算机相关专业及软件工程专业等方向的职业机会数据。仔细阅读这个页面，根据页面和子页面提供的信息填写表 1-5。

表 1-5　软件工程方向就业机会

职业名称	当前就业人数	10 年后就业人数	变化率（%）
计算机软件工程师			
计算机软件工程师（应用方向）			
计算机软件工程师（系统软件方向）			

3. 计算机和数学领域的职业机会

你可以从链接 http://www.bls.gov/ooh/computer-and-information-technology/home.htm 中

获取计算机相关领域的职业信息。仔细阅读页面，根据页面和子页面提供的信息填写表 1-6。

表 1-6 其他的计算机相关的职业机会

职业名称	当前就业人数	10 年后就业人数	变化率（%）
计算机程序员			
计算机科学家和数据管理员			
计算机支持专家和系统管理员			
计算机系统分析员			

1.2 团队建设

在 IT 领域，大部分工作是通过团队合作完成的。根据项目的需求建设优秀的团队，团队成员能够相互协作是保证项目顺利完成的关键因素。本节将通过练习让读者体会团队的合作模式和团队组建的过程。本书后续各章节的实践活动将依靠团队的协作来完成。

1.2.1 合作模式

根据本书的内容，每个团队保持 3～5 人的规模为宜。在每个实验练习中，一个团队成员充当"操作员"来操作设备（计算机），其他成员分别作为导航员、质量监督员等，协助"操作员"完成实验。每个练习完成后，其他团队成员必须轮流替换"操作员"。在每个练习中，其他成员不能并行做其他练习，以保证每个团队成员专注于当前"操作员"正在做的工作。

每个练习结束后，指导老师应检查并在练习清单上签名，然后团队就可以进行下一个练习。

在实际的 IT 项目中，团队规模甚至会达到成百上千人，这里所建立的团队规模很小，但希望通过这样的合作练习，使读者感受到团队合作的过程和方式，为将来参与更大规模的团队协作开发奠定基础。

1.2.2 团队组建

组建团队时，团队成员应尽快熟悉和相互了解，一方面使团队氛围更加融洽、和谐；另一方面有利于尽快开展工作。以下是一组组建团队时的练习，通过这些练习，团队成员可快速熟悉彼此、增强信任，便于后续工作的展开。指导老师也可根据情况增加或选择练习项目。

练习 1：所有学生站成一圈，进行自我介绍。内容包括 1）姓名；2）来自哪个城市或哪个学校院系；3）最喜欢的一件事或东西，比如，看足球、摄影、数学、玩智力游戏，等等。然后，每人必须复述前面三人的三项内容。

练习 2：人结破冰船游戏。6～10 人一组，紧靠着站成一圈。每人交叉握住两人的手，这两人不能与自己相邻。在不松手的条件下，试图交换位置解结——使每人的手不再交叉。

练习 3：面试发现潜在的团队成员。在给定的时间内，至少与 5 人相互交谈。在此过程中，组建自己的团队。

CHAPTER 2

第 2 章

机器人开发环境和 VIPLE 入门

前面我们介绍了计算机领域的发展和职业选择可能，并且已经组建了团队，为我们的开发工作做好了准备。在正式开发之前，我们要先认识工作环境——VIPLE（Visual IoT/Robotics Programming Language Environment，可视化物联网/机器人编程语言环境），我们后续的工作都将在这个环境中进行，读者应该熟悉并掌握这个环境的使用方法。

此外，我们还要先了解什么是工作流、什么是可视化编程，对可视化编程环境和工具有初步认识后，再通过一些例子在 VIPLE 中进行实践。

2.1 工作流和可视化编程

工作流用来构建、管理和支持商业流程，它提供了一种用于人机工作分离的新模式：
- 我们想要的是人只做计算机无法做的。
- 计算机软件做一切可以自动化的工作。
- 工作流假设组件和服务已经预先开发好，并专注于组件和服务的接口和互联。
- 工作流更好地分离了软件架构师和程序员的任务。

图 2-1 展示了几个主要的软件提供商和软件标准机构开发的工作流语言，它们用于商业和网页应用程序的开发。

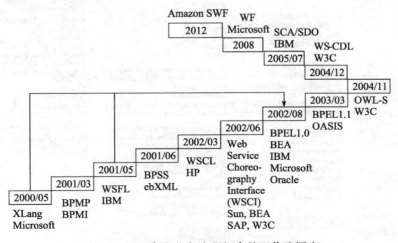

图 2-1 用于商业业务流程组合的工作流语言

可视化编程通常用来使工作流的概念和结构变得更易于人类构建和理解，特别是在游戏和机器人应用领域已经开发了多个可视化编程语言环境，包括：

- MIT 的 Scratch：一个桌面机上的可视化游戏编程环境，广泛用于小学课程中的电影制作和游戏开发。
- CMU 的 Alice：一个桌面机上的 3D 游戏和电影开发环境。它采用阶梯式的方法给用户提供了一个下拉列表来选择可用的函数，广泛用于中学课程中的电影制作和游戏开发。
- MIT 的 App Inventor：它使用了一种拖放方式的拼图来构建 Android 平台的手机应用，广泛地用于高中和大学课程中的手机游戏和应用程序开发。
- Lego NXT 2.0 & EV3：一个可视化机器人应用开发环境，针对乐高 NXT 和 EV3 机器人，广泛用于中学课程中的机器人编程。
- Intel 的 IoT Services Orchestration Layer（SOL）：一种可视化构建语言，用于连接 IoT 设备以及组建基于设备的各种功能。SOL 运行在 Linux 操作系统上，泛用于大学课程中的嵌入式系统开发。
- 微软机器人开发工作室（MRDS）的 VPL（Visual Programming Language）：发布于 2006 年，可用于不同提供商的机器人编程，广泛用于高中以及大学课堂中。
- ASU 的 VIPLE：本书所使用的主要编程语言环境，它通过连接基本组件来实现物联网和机器人设备的各种功能。

这些可视化编程环境能够让初级程序员使用工作流级别的可视化构件来开发复杂应用程序。

Scratch（https://scratch.mit.edu）采用简单的步骤就可以构建一个简单的电影或者游戏。图 2-2 给出了这些步骤。

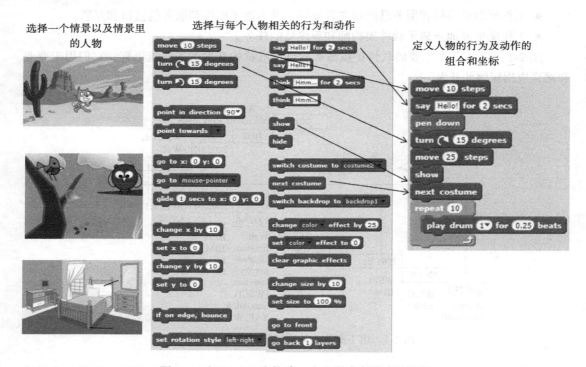

图 2-2　在 Scratch 中构建一个电影或者游戏的步骤

Alice (http://alice.org) 是一个可视化编程环境，支持面向对象的编程规范。它同时支持事件驱动（或者可交互式的）编程规范。Alice 在用途和功能上与 Scratch 相似，但是程序能力更加强大。图 2-3 展示了 Alice 程序的一个例子，其中下拉菜单用来选择功能。模块可以用来定义封装一个独立的功能。

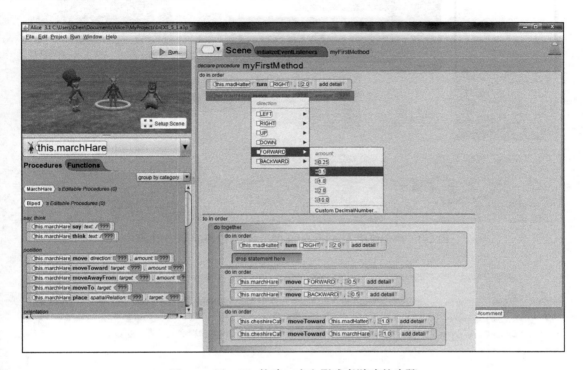

图 2-3　用 Alice 构建一个电影或者游戏的步骤

MIT 的 App Inventor 包含一个基于网页的 GUI（Graphic User Interface，图形用户界面）设计器和一个可视化编程环境，用于定义网页 GUI 的功能。用户可以使用一个模拟器或者真实的 Android 手机来演示开发的 App。App 的 GUI 可以在浏览器的网站中开发（美国的网站是 http://appinventor.mit.edu，中国的网站是 http://app.gzjkw.net/）。

图 2-4 展示了在模拟器中进行游戏设计的一个例子及其可视化代码。

可视化编程语言广泛用于机器人编程和教育领域。Lego EV3 可视化编程环境是针对 EV3 机器人的编程而设计的。它允许将一排顺序的功能模块拼接起来。图 2-5 展示了一个用 EV3 可视化语言开发的程序，它用到了颜色传感器。

Intel 最近发布的 SOL 使用预定义的组件和服务，用户可以用拖曳的方式设计 GUI 以及工作流代码。如图 2-6 所示，左侧的工具箱列出了用于 GUI 和工作流设计的工具。右侧则显示了一个 GUI 设计、工作流设计以及应用程序的执行图。

微软机器人开发工作室（MRDS）的 VPL（http://msdn.microsoft.com/en-us/robotics/aa731520）是一个设备编程和可视化语言的旗舰产品。如图 2-7 所示，它是基于强大的 .NET 框架构建的，并有一个丰富的库支持。

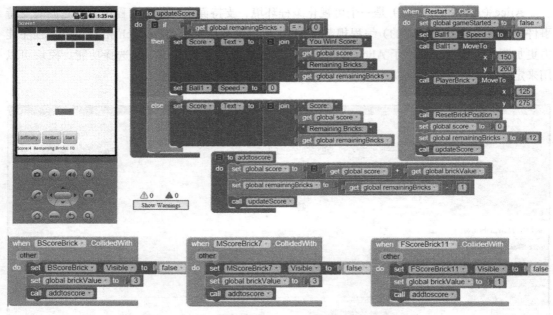

图 2-4 一个使用 App Inventor 的游戏设计及其可视化代码

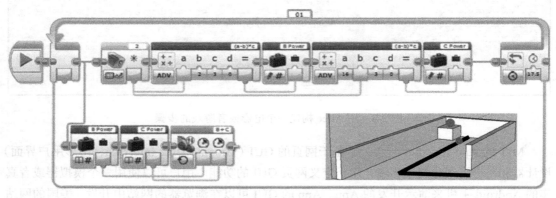

图 2-5 用 EV3 可视化语言开发的程序

VPL 可用于编程和控制乐高 NXT 机器人和多种机器人,包括 iRobot、Fischertechnik、LEGO Mindstorms NXT、Parallax robots 和微软的仿真机器人等。VPL 可用于编程从简单到复杂的各种应用,从 2006 年发布至今,VPL 建立了一个巨大的用户社区。遗憾的是,在微软的重构过程中,VPL 项目终止了。尽管微软继续支持 VPL 的免费下载,但 VPL 不再支持新的机器人平台,例如,VPL 不支持取代二代乐高 NXT 的三代 EV3 机器人。

为了让 VPL 的用户社区能够继续他们的机器人程序开发,基于对工作流和可视化语言多年的研究和开发,亚利桑那州立大学(ASU)于 2015 年发布了机器人开发平台 ASU VIPLE。VIPLE 具有以下特点:

- 继承了 VPL 的属性和编程模式,使 VPL 用户可以直接使用 VIPLE。
- 扩展了 VPL 支持的机器人平台,例如,VIPLE 可以编程乐高的 EV3 机器人。
- 在 VIPLE 程序与机器人之间采用了面向服务的标准通信接口 JSON 和开源的机器人

中间件，可让通用机器人平台接入。
- 开发了以 Linux 为操作系统的 VIPLE 中间件并以 Intel Edison 机器人作为默认平台和套件。VIPLE 中间件已经移植到其他机器人平台。Galileo 和 Edison 的机器人价格不到乐高 EV3 的一半。
- 除了具备 VPL 的机器人编程功能外，VIPLE 还支持通用的服务计算。VIPLE 支持 C# 源代码模块的插入，也可以调用 Web 服务来完成 VIPLE 库程序中没有的功能。

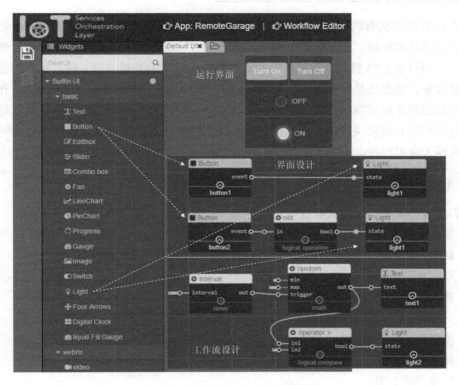

图 2-6　用 SOL 对 IoT 设备编程

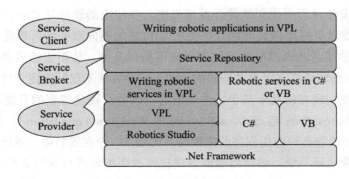

图 2-7　MRDS 和 VPL

ASU VIPLE 采用可视化编程。开发者只需绘制应用程序的流程图（规格）而无须编写文本代码。开发环境中的编译工具能够把流程图直接转换成可执行的程序，从而使软件开发变得更容易、更快速。整个软件的开发，就是一个简单的拖放过程。把代表服务的模块拖放到流程图的设计平面，然后用连线把它们连接起来。这个简单的过程可以使没有程序设计经验的人在几分钟内创建自己的机器人应用程序。经过一个学期的学习和动手实践后，学生可以编出较为复杂的智能程序，使机器人能探索未知迷宫并走出迷宫。

2.2　VIPLE IoT/机器人开发环境

现在已有很多优秀的用于计算和工程领域的可视化编程环境。ASU 的 VIPLE 是一个面向服务的软件开发环境，用于设计 IoT（Internet of Things）以及基于多种硬件平台的机器人应用程序。VIPLE EV3 机器人以工作流和面向服务的技术为基础，以一种可视化编程的方式创建简易服务。其想法是让人类（开发者）绘制目标应用程序的流程图（工作流）。开发环境能够将流程图转译成可执行文件，因而使得软件开发变得更简单快捷。开发过程就是拖曳代表各个组件和服务的模块并将它们连接起来。这个简单的编程过程能让用户在几分钟里创建自己的机器人应用程序。

2.2.1　VIPLE 的工程设计过程

我们来看一下整个工程设计过程：
1）明确问题和需求；
2）研究；
3）草拟解决方案；
4）建模（画流程图）；
5）分析；
6）模拟；
7）建立原型；
8）最终选定方案；
9）实现以及测试。

我们把整个设计过程应用到软件开发过程中。在传统的软件开发中，流程图是一种概念模型，使得开发者更好地理解问题。在使用 VIPLE 的面向服务的可视化开发过程中，流程图成为一个数学或者逻辑模型并可被编译成可执行文件，从而去除或者减轻了实现（编程）步骤中将流程图转译成文字形式编码的负担。这种方法不仅可以用于机器人应用，还可用于通用软件开发。现有的几个基于工作流的通用软件可视化编程的开发环境，包括 IBM 的 WebSphere、Microsoft 的基于 Visual Studio 的 Workflow Foundation 以及 Oracle 的 SOA Suite，帮助开发者绘制各种应用程序的流程图。比如，一个在线的银行系统、一个电子商务系统或者一个图像验证系统。编译器能够直接把流程图编译成可执行文件。与 VIPLE 工作流类似，链接 http://neptune.fulton.ad.asu.edu/WSRepository/Services/WFImage 给了一个使用 Workflow Foundation 的简单图像验证器。

软件工程师的职责是理解问题并开发一个解决方案。编码实现并不是软件工程师的主要职责。高级开发工具并不会减少对软件工程师的需求，但是它减少了对程序员的需求。因为编码（实现）工作可以由高级软件工具自动化实现，但是问题的定义、需求撰写、建模以及分析的工作是无法被工具或者机器替代的。

此外，VIPLE 还包含一个基于 Unity 游戏引擎的 3D 模拟器以及一个基于 HTML5 的 Web 2D 和 Web 3D 模拟器，使得用户可以在他们的程序加载到硬件平台（机器人）之前进行测试。在模拟环境中开发者可以在软硬件问题混合到一起之前单独测试软件问题。图 2-8 显示了一个 3D Unity 模拟器和一个机器人迷宫导航的 Web 2D 和 Web 3D 模拟器。Unity 模拟器中的红色光线是测距传感器在测量距离。迷宫的墙壁可以通过点击来修改（添加或移除）。在 Web 2D 和 Web 3D 模拟器中，迷宫可以在线下准备好并在执行迷宫导航程序之前加载到模拟环境里。

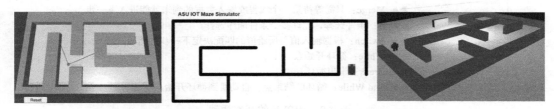

图 2-8　VIPLE 3D Unity 模拟器及 Web 2D 和 Web 3D 模拟器

VIPLE 是一个基于数据编程模型的应用程序开发环境，而不是典型的用于传统编程语言（如 C++、Java）的控制流模型，后者会串行执行命令语句。数据流程序更像生产线上的工人，当材料到达时工人就做指定的工作。因此 VIPLE 很适合机器人应用程序的编程，同样，它也适合各种并发分布式应用。在我们的实验中，将会使用 VIPLE 来设计电路。

VIPLE 可以让初级程序员对变量、数据类型、If/Else 语句、循环和逻辑思维等概念有一个基本的理解。但是，VIPLE 并不仅限于新手，其编程语言的组成方法可能会吸引更多的高级程序员进行快速原型开发或代码开发。此外，虽然 VIPLE 的工具箱是为开发机器人应用程序特别定制的，但其底层的体系结构并不局限于机器人编程。比如，VIPLE 可应用于游戏、复杂制造过程、控制智能家居设备以及其他设计过程。VIPLE 的模拟环境可将现实系统虚拟化，用于物理实现前的测试。因此，VIPLE 对于广大的用户都具有吸引力，包括高中生、大学生、兴趣爱好者、研究者，以及 Web 开发者和职业程序员。

VIPLE 是免费的，可从 http://neptune.fulton.ad.asu.edu/VIPLE/ 下载。

2.2.2　VIPLE 的活动和服务

现在我们开始学习 VIPLE 中的常用工具。"基本活动"（Basic Activities）工具箱窗口包含所有组成数据流以及创建数据类型和变量的常用工具和组件。基本活动工具箱窗口有一个注释功能，它允许开发者为代码写文档。

图 2-9 列出了 VIPLE 中的基本活动。用户可以随时在英文和中文之间切换。

下面解释图 2-9 中的活动。

活动（Activity）：活动用以创建新的组件、服务、函数或者其他代码模块。只要简单地将一个活动拖至图中，打开它就可以组成一个新的组件。

活动也包括其他活动的组件，这使得组件以及重用基本块活动成为可能。从这个角度看，VIPLE中的整个应用程序本身就是一个活动。

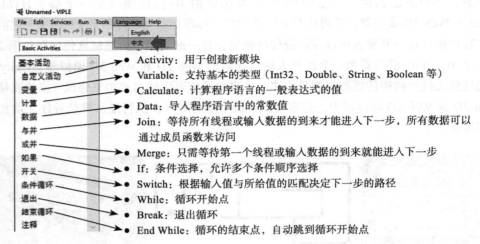

图 2-9　VIPLE 的基本活动

一个活动只能在当前程序中使用。一个活动可以被编译成一个服务。一个程序中创建的一个服务可以用于其他程序中。

变量（Variable）：变量代表一个内存位置，也就是程序用来存取数值的地方，比如一个文字串或者数字。

计算（Calculate）：计算活动可以用来计算数学公式（加、减、乘、除），也可以用来从其他组件或者文本框中提取数据。与 C# 中的赋值相似，比如，x=5+7。

对于数值运算，使用以下运算符号：

+	加
−	减
*	乘
/	除
%	取余

对于逻辑运算，可以使用以下运算符号：

&&	与
||	或
!	非

数据（Data）：数据活动可以用来给另一个活动或者服务提供一个简单数据。可以在文本里输入一个数值。根据输入的数值，数据的类型是自动决定的。VIPLE 支持 C# 中所有的数据类型。下表中给出了 VIPLE 支持的常用数据类型。

VIPLE 数据类型	描述
Boolean	布尔数值（真或假）
Char	字符
Double	双精度浮点数
Int32 (int)	32 位带符号整数
UInt32 (uint)	32 位无符号整数
String	字符串（文本）

与并（Join）：与并活动把两个或者更多的数据流输入合并。所有输入连接的数据必须先被接收然后才能被进一步处理。与并可以用来合并一个活动所需的多个输入。

或并（Merge）：或并活动需要两个或更多数据流输入。当第一个数据到达时，这个活动就会接着处理下一步，而不需要等待其他数据到达。或并可以用来实现一个循环。或并明显不同于与并：或并只会等第一个输入到达，而与并需要等所有输入都到达。

如果（If）：如果活动提供输出选项，可以根据输入的条件转发传入的信息。如果条件为真，第一个输出连接就会转发输入的信息（及它的数据）。但当条件不为真时，就会使用否则里的输出。VIPLE 里的如果语句和传统编程语言中的如果语句类似，如 Java 和 C#。VIPLE 里的如果活动可以在一个活动框中检查多个条件。也就是说，它可以合并多个连续的如果语句。

条件表达式可以使用以下运算符：

= 或 ==	等于
!= 或 <>	不等于
<	小于
>	大于
<=	小于等于
>=	大于等于

开关（Switch）：与 C# 中的开关类似，开关活动可以用来按照相匹配的文本框中的输入消息来发送消息。只需点击活动框中的加（+）按钮即可添加 Case 分支（匹配条件）。

条件循环（While）：与 C# 中的 While 类似，While 活动创建一个将输入消息转发到一组工作块的条件，与 If 活动非常相似。它们的区别在于工作块在执行后，消息和数据会回到这个 While 活动里，然后会重新检测这个条件。简单地说，If 活动会让消息继续下去，而 While 活动会产生一个循环。

退出（Break）：这个活动可以放在 While 循环中，用来提前退出循环。比如，在没有使初始条件为假时退出循环。

结束循环（End While）：这个活动标示了 While 循环的结束，并把输入消息返回到原始的开始这个循环的 While 活动。

注释（Comment）：这个活动能够让用户添加一个文本工作块到工作图中进行文档撰写。

在基本的活动之外，VIPLE 也提供了很多内建的服务用以传统的输入和输出，也包括机器人相关的服务，比如传感器服务、发动机和驱动服务。图 2-10 显示了部分服务。

图 2-10 中的服务列表（英文/中文对照）：

Services	Robot	Lego EV3 Brick
Code Activity	Robot Color Sensor	Lego EV3 Color
Custom Event	Robot Distance Sensor	Lego EV3 Drive
Key Press Event	Robot Drive	Lego EV3 Drive for Time
Key Release Event	Robot Holonomic Drive	Lego EV3 Gyro
Print Line	Robot Light Sensor	Lego EV3 Motor
Random	Robot Motor	Lego EV3 Motor by Degrees
RESTful Service	Robot Motor Encoder	Lego EV3 Motor for Time
Simple Dialog	Robot Sound Sensor	Lego EV3 Touch Pressed
Text to Speech	Robot Touch Sensor	Lego EV3 Touch Released
Timer	Robot+ Move at Power	Lego EV3 Ultrasonic
	Robot+ Turn by Degrees	
源代码活动	机器人主机	乐高主机EV3
自定义事件	机器人彩色传感器	乐高EV3彩色
按键事件	机器人距离传感器	乐高EV3驱动器
释键事件	机器人驱动器	乐高EV3驱动器-时间控制
行打印	机器人完整协调驱动	乐高EV3陀螺
随机	机器人光传感器	乐高EV3舵机
RESTful服务	机器人电机	乐高EV3电机-转角控制
简单的对话	机器人电机编码器	LEGO EV3电机-时间控制
文字转语音	机器人声音传感器	乐高EV3按下触摸
定时器	机器人触觉传感器	乐高EV3释放触摸
	机器人+移动-动力控制	乐高EV3超声
	机器人+转动-角度控制	

图 2-10 ASU VIPLE 的通用服务、机器人通用服务以及 EV3 服务（中英文对照）

在编写 VIPLE 程序之前，我们先了解一下 VIPLE 的菜单，如图 2-11 所示。

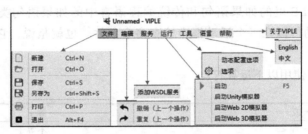

图 2-11 VIPLE 菜单和选项

下面我们解释 VIPLE 菜单和它们的意义。

（1）文件

- 新建——新建一个项目。
- 打开——打开已有的项目文件。
- 保存——保存当前项目。
- 另存为——将项目另存为一个特殊的文件名。
- 打印——允许你打印工作图以供报告使用。
- 退出——退出 VIPLE。

（2）编辑

- 撤销（上一个操作）——撤销最后一次编辑操作。
- 重复（上一个操作）——重做最后一次"撤销"操作。

（3）服务

- 添加 WSDL 服务——将一个 WSDL Web 服务添加到 VIPLE 里。
- 注意：RESTful 服务可以从服务列表中添加。

（4）运行

- 启动——在 VIPLE 环境中开始运行当前项目。

- 启动 Unity 模拟器——启动 Unity 模拟器环境。
- 启动 Web 2D 模拟器——启动基于 Web 的二维模拟器环境。
- 启动 Web 3D 模拟器——启动基于 Web 的三维模拟器环境。

（5）工具
- 动态配置选项——自定义机器人的功能列表。
- 选项——提交调试信息和记录控制台日志的方式。

（6）语言
- English——英文菜单。
- 中文——中文菜单。

（7）帮助
- 关于 VIPLE——关于软件的版本。

练习：我们已经了解了可视化编程环境和 VIPLE 的基础知识，完成下面的练习以检测你是否掌握了这些基础知识，确保正确完成这些题目后再开始后续的实践。

1. 哪些可视化编程环境主要用作桌面机上的游戏和电影开发？（多选）
   A. Alice　　　　　B. App Inventor　　　C. Lego EV3
   D. VIPLE　　　　 E. Scratch

2. 哪些可视化编程环境主要用于机器人应用开发？（多选）
   A. Alice　　　　　B. App Inventor　　　C. Lego EV3
   D. VIPLE　　　　 E. Scratch

3. 哪个可视化编程环境主要用于智能手机上的游戏和电影开发？
   A. Alice　　　　　B. App Inventor　　　C. Lego EV3
   D. VIPLE　　　　 E. Scratch

4. VIPLE 是指什么？（多选）
   A. 一个面向服务的软件开发环境
   B. 一个基于汇编编程语言的开发环境
   C. 一个基于 Java 的编程环境
   D. 一个可视化编程语言

5. VIPLE 是谁开发的？
   A. ASU　　　　　B. MIT　　　　　C. Google　　　　　D. Microsoft

6. VIPLE 用来做什么？
   A. 明确问题的需求　　　　　　B. 草拟多个解决方案
   C. 建立问题模型　　　　　　　D. 测试需求的正确性

7. VIPLE 支持哪些基本活动？（多选）
   A. 变量（Variable）　　　　　B. 计算（Calculate）
   C. 数据（Data）　　　　　　　D. 类（Class）

8. 与并（Join）和或并（Merge）的主要区别是什么？
   A. 与并会在第一个数据到达后继续
   B. 或并会在第一个数据到达后继续

C. 或并会在最后一个数据到达后继续

D. 与并和或并必须成对使用，就像如果和否则一样

9. 基本活动列表中的一个活动被用于做什么？

　A. 创建一个变量　　　　　　　　B. 创建一个组件

　C. 合并两个输入数据　　　　　　D. 聚合两个输入数据

10. 在一个 VIPLE 程序中创建哪个组件可以用于另一个 VIPLE 程序？（多选）

　A. 活动（activity）　　　　　　B. 服务（Service）

　C. 变量（variable）　　　　　　D. 数据（Data）

11. VIPLE 的如果（If）活动用于什么？

　A. 只可以用来处理一个活动中的一个条件

　B. 可以处理一个活动中的多个条件

　C. 和开关活动的功能完全一样

　D. 与或并活动的功能完全一样

12. 设计 VIPLE 的目的是什么？

　A. 仅用于机器人编程

　B. 用于机器人编程，但也可用于其他应用

　C. 是用来代替 C# 而成为下一代通用编程语言的

　D. 是用来代替 Java 而成为下一代通用编程语言的

13. 在 VIPLE 中支持哪些数值运算？

　A. + 和 −　　　　　　　　　　　B. * 和 /

　C. / 和 %　　　　　　　　　　　D. 以上所有

14. 在 VIPLE 中支持哪些逻辑运算

　A. AND　　　　　　　　　　　　B. OR

　C. NOT　　　　　　　　　　　　D. 以上所有

15. 在 VIPLE 中不支持以下哪种数据类型？

　A. 布尔型（Boolean）　　　　　B. 整型（Int32）

　C. 类（Class）　　　　　　　　D. 字符串（String）

16. VIPLE 中的模拟环境是什么？（多选）

　A. 基于 Alice 游戏引擎的环境　　B. 一个 Web 2D 环境

　C. 一个 Web 3D 环境　　　　　　D. MIT 的 App Inventor

17. 什么环境可以用来运行 VIPLE 程序？

　A. 真实机器人　　　　　　　　　B. Unity 模拟器

　C. Web 模拟器　　　　　　　　　D. 以上所有

2.3　VIPLE 的使用

从 VIPLE 网站下载 VIPLE 并启动 VIPLE，等待一两分钟让操作系统加载程序。程序加载完成后，你会看到如下界面。

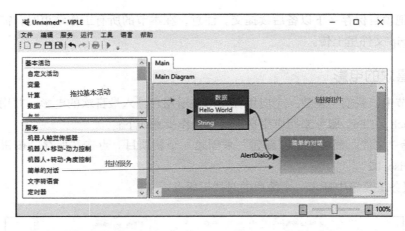

接下来，与你的团队完成下面各小节的工作（可以选择英文或中文环境）。

2.3.1 创建程序显示"Hello World"

在本小节中，我们会使用 VIPLE 创建第一个程序来显示"Hello World"。完成这项工作的步骤如下：

1）选择"文件"菜单中的"新建"（New）来创建一个新项目。然后从基本活动工具箱里用拖放方式插入一个"数据"（Data）活动。点击 Data（数据）块的文本框并键入"Hello World"。数据类型属性会自动显示 String。

问题：在数据块中，为什么显示了 String 而不是 Integer？（提示：数据类型。）

2）插入一个"简单的对话框"（Simple Dialog）活动：从服务工具箱中拖出并将它放在数据活动块的右边。

3）现在拖一个从数据块的输出连接引脚到简单的对话框块的链接。连接对话框会自动打开。在第一个列表里选择 DataValue，在第二个列表里选择 Alert Dialog，然后点击 OK。

问题：对于每个工作块，都有两个小三角形，分别在其两边。在编程中它们代表什么？

4）保存你的程序并将项目命名为"Exercise_01"。然后选择"运行"（run）命令（或者按 F5 键）来运行程序。注意，在保存程序后，你不能双击打开它，需要用 VIPLE 的"打开"(open) 菜单来打开程序。这是因为保存的文件是一个文本文件，如果双击文件会以文本格式打开。

完成后把项目保存一下以备后续提交。注意，在本节的所有工作结束时，需要把所有项目放到一个 zip 文件里上传。

2.3.2 最喜欢的电影

在本小节中，我们会创建一个应用程序来提示用户输入最喜欢的电影，并用文字转语音（Text to Speech，TTS）服务来回应用户。具体操作步骤如下：

1）选择"文件"菜单里的"新建"来创建一个新项目。点击"保存"按钮并把项目命名为"Exercise_02"。

2）从服务工具箱中插入一个简单的对话框服务。

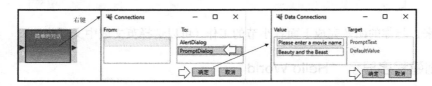

3）右键单击简单对话框服务，先选择"ChangeDialogType"，在出现的页面中选择"PromptDialog"，然后按确定键。之后，在新打开的对话窗口中填写提示文字和缺省电影名，然后按确定键。

4）从基本活动工具箱中插入计算活动。从服务工具箱中插入一个"行打印"服务和一个"文字转语音"服务，连接如下图所示。

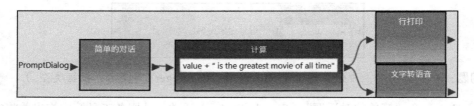

5）接下来，你可以先点击计算活动的输入区域，会出现一个下拉列表。用鼠标或者箭头键在列表中选择"value"，然后输入所有剩下的字符串：value + " is the greatest movie of all time"。

如果你不小心关掉了连接或者数据连接窗口，又或者想修改之前的配置，那么可以通过用鼠标右键点击模块来重新打开，选择连接或者通过数据连接来获取你想要的窗口。

问题：怎么改掉计算机用的语言文本呢？（提示：计算块是做什么用的？）

2.3.3 使用或并和 If 活动创建条件循环

本小节将用到 VIPLE 程序中的条件循环。因此，我们先了解下 If 语句和 While 循环语句。

1. If 语句

If 语句是从传统编程规范里继承而来的。If 语句也被称作条件语句。在 VIPLE 中，If 语句是通过下图的块来表示的。

如果条件为真，If 语句中的区块就会被执行；如果条件为假，控制流就会转到 Else 语句里。在 If 的条件中，可以用 OR（||）或者 AND（&&）运算来合并多于一个的条件。与传统编程语言不同，VIPLE 允许使用 If 的程序进入多于两个分支。想增加更多分支时，只要点击 Else 分支旁边的"+"然后输入你想要检查的条件即可。VIPLE 会依次检查各个条件，你的程序会进入第一个条件为真的分支中。

2. While 循环语句

While 循环也属于条件循环类别。While 循环语句会一直执行，直到条件变为假。它也是一个先检查的循环，也就是它会先检查条件是否为真然后再接着执行。

 问题：为什么我们需要学习使用 While 循环？

接下来，我们的工作是创建一个变量，初始化该变量然后把它计数到 10，并用 TTS 模块来说出每次循环时变量的值。这里要用到我们刚才介绍的循环语句，具体步骤如下：

1）在"文件"菜单中选择"新建"来创建一个新项目并将其命名为"Exercise_03"。

2）从工具箱中插入一个变量（Variable）活动。

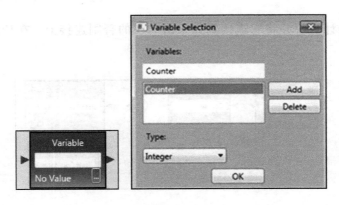

3）点击"…"来定义变量。在打开的对话框中，点击 Name 文本框并输入 Counter 作为这个变量的名字。点击 Add 按钮，之后从"Type"下拉列表里选择 Integer 作为这个变量的类型，最后点击 OK。

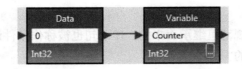

4）现在添加一个数据块到框图中变量块的左侧并用一个链接来连接数据活动和变量块。

5）在开关块的文本框中输入 0，数据的类型自动变为 Int32。这样就设定了数据和它的类型。开关块与变量块的连接会将 Counter 初始化为 0。

6）插入一个或并块到变量块的右边，并把变量块连接到或并块上。这个块是用来创建一个计数循环的。

注意：一个或并块可以有多个输入，但同时只会有一个输入值。当一个输入值到达，立即通过或并块。

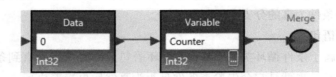

7）接下来添加一个如果活动到框图中的或并块的右侧。连接或并块和 If 语句块。在如果语句块中，输入 state.Counter == 10。

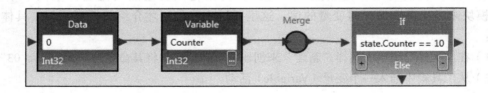

8）添加一个计算块并将它连接到如果语句块的否则连接上。在计算块中输入 state.Counter + 1。

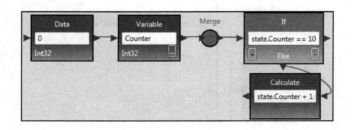

9）将另一个变量插入框图中。这个新的变量在 Counter 被修改后会使用它的值。点击"…"按钮选择 Counter 变量，然后点击 OK。

10）将变量块的输出引脚连接到或并块上，这就完成了循环的设计。

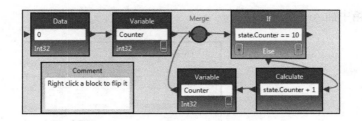

11)插入一个 TTS 块到框图中,使得程序在做累加时能够用语音说出结果。添加另一个计算块到框图中,在新的计算块中输入"The number is"+ state.Counter。

12)然后添加一个 TTS 块并将它连接到计算块的输出上。

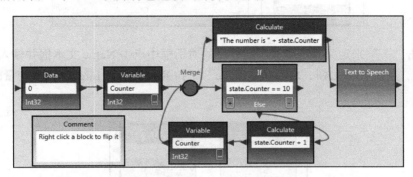

13)添加一个数据块到如果语句的后面,在数据块中输入"All done!"。

14)添加另一个 TTS 块并将它连接到数据块上。当它计到 10 时,程序能够说出"All done!"。

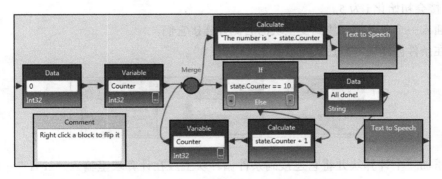

15)完成程序后,点击 Run 按钮来运行程序(或者按 F5 键)。

完成后,请保存项目文件以便后续上传。在实验结束时,需要把项目文件打包上传。

请通知你的实验指导老师并演示你的程序,然后换一个操作员进行下一个实验任务。

2.3.4 使用 While 循环

本小节我们将使用 VIPLE 中的 While 循环,工作同样是创建一个变量,初始化它,然后计数到 10,在每次遍历时用 TTS 块报出数值。

1)在"文件"菜单里选择新建创建一个项目。然后把项目命名为"Exercise_04"并保存。

2）从工具箱中插入一个变量活动。

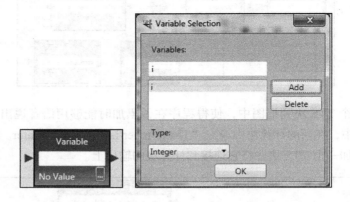

3）点击"…"来定义这个变量。在打开的对话框中点击 Name 文本框并输入"i"作为变量的名字。点击 Add 按钮，之后从"Type"下拉列表里选择 Integer 作为变量的类型，最后点击 OK。

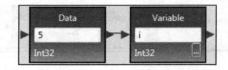

4）添加一个数据块到框图中变量块的左侧并用一个链接来连接它们。

5）输入 5 到数据块的文本框中，数据类型会自动变为 Int32。设定了数据和它的类型，数据的连接会初始化 i 为 5。

6）插入一个条件循环块到变量块的右侧并连接它们。

7）在条件循环块的表达式里输入"state.i > 0"。

8）添加一个计算块并将它连接到条件循环块上。在计算块里输入" :i is " + state.i"。添加一个 Text to Speech 块，并将它连接到计算块的输出上。

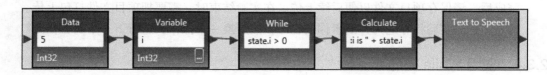

9）向框图中插入另一个计算块。在它的表达式中，写入"state.i-1"。插入一个变量块到这个计算块上。这个新的变量会使用每次 i 被修改后的值。点击"…"按钮，选择 i 变量，之后点击 OK。

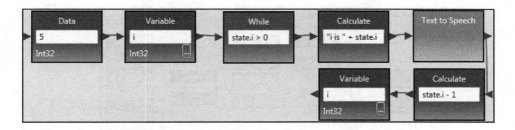

10）将变量块的输出引脚连接到一个结束循环块。

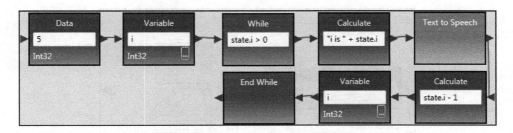

11）插入一个 TTS 块使得程序能够说出完成的结果。添加一个新的数据块并输入"All done"。

12）添加一个 TTS 块并把它连接到数据块的输出上。

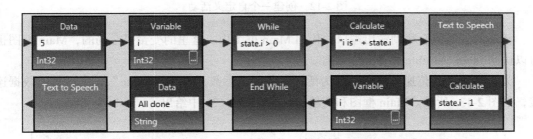

13）完成程序后，点击运行按钮来运行程序（或者按 F5 键）。

当你完成后，请保存项目文件以便后续上传。在实验结束时，你需要把项目文件打包上传。

请通知你的实验指导老师并演示你的程序，然后换一个操作员进行下一个实验任务。

2.3.5　使用全局变量创建一个活动

学习了基本的活动和控制流程之后，本小节将学习如何在 VIPLE 里建立你自己的活动。当你完成本小节的练习后，会对活动是什么有一个更好的理解。

本练习会创建简单的 Main 框图和活动，见图 2-12。我们会阐释 Main 和活动之间的信息交流方式：1）全局变量；2）参数传递。

在这个程序中，String 指 Yinong Chen 会赋到输出变量里并通过活动的输入传递到活动里。

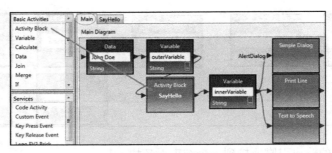

a) Main 框图

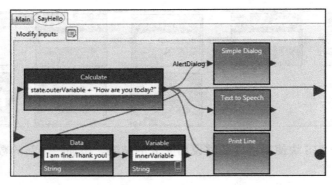

b) 一个活动

图 2-12 创建一个自定义活动

活动的返回值会赋到输出端口并传回 Main 框图中。这里的变量是全局的，Main 框图也可以访问 inner Variable 并得到它的值。

为了使用参数传递，我们需要为活动定义一个参数，使用"value"作为活动的数据连接，如图 2-13a 所示。Main 框图和活动的代码在图 2-13b 中给出。

a) 定义一个参数

图 2-13 使用参数传递

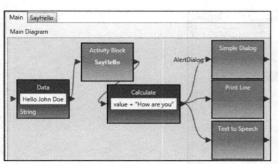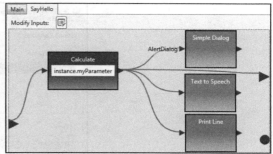

b）Main 框图和活动

图 2-13 （续）

2.3.6 创建 Counter 活动

问题：为什么我们喜欢在程序中用服务或者活动？

在本小节中，我们会创建一个活动来模块化之前练习中创建过的 While 循环。

1）创建一个新项目并保存为"Exercise_05"。

2）插入一个数据活动并把数值设为 7（N=7）。

3）插入一个活动块到框图中来创建一个新的活动。

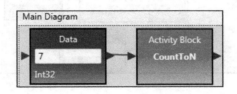

右击这个块并重命名为 CountToN。

然后双击 CountToN 打开它。一个新的标签页会出现（见下图）。左右两侧的小三角形分别代表数据输入和输出。右侧的圆形点代表一个事件输出。我们会在之后讨论事件驱动编程。

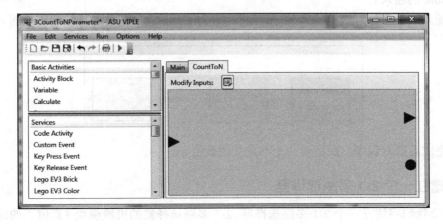

4）点击 CountToN 下面的橙色符号 来定义活动的输入。

5）需要输入的数值，将它命名为 Limit，用来作为计数的上限。改变输入的名称并选择 Integer 作为它的类型，点击 OK。

6）把这个活动块插入之前的计数练习中。

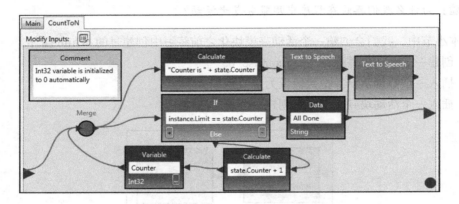

我们用 Limit 来从活动的外部访问输入数值。

7）关闭活动页面或者点击标签切换回 Main 数据流页面（Main 框图）。将数据活动的输出连接到你的 CountToN 活动上。Data Connection 窗口会打开，输入 "value" 作为 StartVariable 的输入。

8）插入一个简单对话框块到 Main 框图中并将 CountToN 的输出连接到它上面。

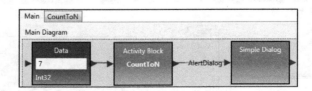

9）完成后运行程序。试试换一个不是 7 的数值。

2.3.7 建立一个 2-1 多路选择器

本小节我们将建立一个 2-1 多路选择器。2-1 多路选择器的机械模型（真值表的简写形式）在下图中给出。

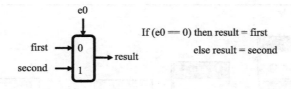

我们将通过下面的步骤将另一个活动添加到前一节的框图中。

1）添加一个活动到框图中。修改这个活动的名字为"2-1Mux"。

2）进入多路选择器活动。添加三个输入并分别命名为 e0、first、second，类型均匀 Integer。

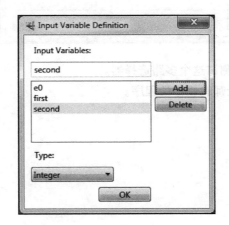

3）添加如下所示的活动代码。

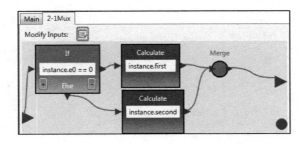

4）在 Main 框图里写代码测试这个活动。用不同的"输入数→输出数"来测试多路选择器活动，比如，（1，0，1）→1、（1，1，0）→0、（0，0，1）→0 和（0，1，0）→1。

当你连接到 2-1 多路选择器活动时，请注意连接数据名 msg、msg1 和 mgs2 与活动 e0、first 和 second 之间的映射关系。

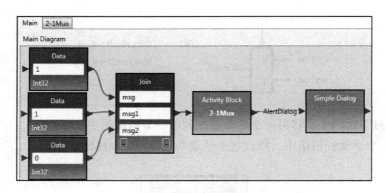

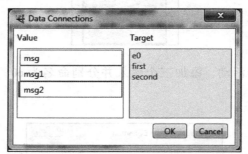

5)使用简单对话框来测试这个多路选择器。

请通知你的实验指导老师验收你的程序。

第 3 章
逻辑设计与计算机组成

3.1 仿真——设计过程中的关键步骤

仿真和模拟是用一系列数学公式和模型来模拟一个真实现象的过程。先进的计算机和程序是建立一个有意义的仿真的主要推动力量,例如,它可以仿真天气条件、化学反应、神经科学(IBM Watson 的"蓝脑计划)、生物进程,甚至还可以通过仿真来实现硬件和软件的设计。理论上,任何一个可以被数学方程和模型抽象的现象都可以在计算机上进行仿真。然而,在实践中,由于大多数自然现象都会涉及无限多的变量,因此仿真是极其困难和复杂的。建立仿真的挑战之一就是确定哪些是最重要的因素,用它们可以建立一个有用的和可行的仿真。另一个挑战就是要找到用来模仿真实现象的数学模型和方程式。工程项目设计过程中的每一步都会涉及仿真。通常,在方案实施之前用仿真来评估设计。因此,最必要的仿真是在建模和分析之后,在原型设计或实现步骤之前的一个过程,如图 3-1 所示。

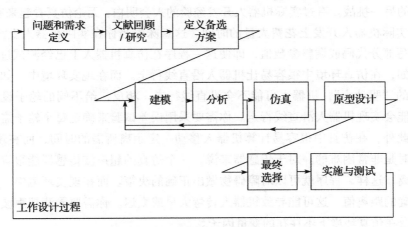

图 3-1 工程项目的设计过程

VIPLE 旨在面向大众来加快机器人开发和采用的步伐。这个过程中一个重要部分就是仿真环境。显而易见的是,计算机和电子游戏机已经为广泛可用的机器人仿真开辟了道路。游戏依赖于逼真的可视化,它伴有实时约束下运行的先进物理仿真。

VIPLE 还提供 3D 机器人虚拟仿真环境,供用户测试其应用程序而不需将软件安装到硬件平台(机器人)上。VIPLE 通过使用在硬件加速图形中最新的 Unity 物理运算引擎技术,可以为机器人模型实现现实世界的物理仿真。

仿真在工程设计过程中是一个非常重要的设计步骤,特别是在机器人设计和编程的复杂过程中。装配一个机器人，尤其是用现成的部件来定制一个模块化机器人，不仅需要精湛的技术，还需要在"调试"物理设置时消耗很多的时间和精力。另一个挑战是，开发中的机器人价格昂贵并且只有一套硬件设施。上述两点使得很多工作难以同时展开，并且在测试中总是存在着损坏机器人硬件的风险。

仿真克服了上述难题，使得只要拥有一台计算机就可以开发有趣的机器人（群），而时间和想象力则成为主要的开发限制因素。同时，由于仿真的开发方式与物理机器人类似，这样开发者就可以把精力花在可实现的研究上。VIPLE 采用分段方式进行仿真，允许人们适时处理复杂问题。这意味着你可以用基本语句来"调试"仿真机器人并且只需要用到基础知识。在环境中添加一个虚拟机器人和一些可与之交互的简单形状是非常容易的。这意味着即使是仿真下的调试也是非常简单的。就像许多软件开发联盟一样，机器人的物理模型和可供多人并行开发的仿真服务，创建了一个多人共享使用和修改的平台，在该平台上，开发者不用担心会不小心损坏仅有的、昂贵的机器人。仿真是一个有用的学习辅助工具。你可以选择关注重点，增强复杂性并控制环境。你可以构建可仿真的组件，通过仿真过程对不容易弄清的概念加深印象。

仿真也有缺点和局限性。事实上我们是在试图将硬件问题变成软件问题来解决。然而，开发软件和物理模型也有其自身的挑战，使得我们最终需要面对另一组不同的挑战和局限性。通常这意味着存在一个"最佳点"：某一范围的应用采用仿真比较合适，而另一范围的应用或开发的某一阶段则更适合使用实际机器人。在现实世界中，大量的外部变量仍然无法解释或是难以建模。这意味着无法对任何对象准确建模，尤其在实时情况下。对于特定领域，比如轮式车辆、低速运动仍是仿真面临的巨大挑战。建模传感器（如超声波传感器）是仿真所面对的另一挑战。有过实际机器人开发经验的人会明白：无论仿真看起来有多么准确，你也必须在实际机器人开发上花费大量的时间。这意味着当你在实际机器人上测试程序时，可能需要重写部分代码或调整参数值，即使这一程序在仿真机器人上已经测试过，并且与预期一致。例如，在仿真环境中很容易让机器人沿直线行走。而在现实环境中，如果给两个轮子设置同样的"驱动力"，机器人可能不会沿直线行走。相反，给不同的轮子设置略微不同的驱动力可能会实现机器人沿直线行走。你需要采用误差试验来确定每个轮子需要增减多大的驱动力。此外，在仿真中很容易计算机器人移动一定距离所需的时间，而在现实环境中，做到准确定时是非常困难的。对于传感器来说，一个仿真的超声波传感器能很容易地测出与障碍物的距离，这样，程序就可以对障碍物做出正确的决策。而在现实环境中，传感器可能无法给出准确的距离值，这可能导致机器人转弯太早或太迟。你需要弄清超声波传感器的合适范围，以及在仿真环境下不存在的变量因子。

虽然 VIPLE 及其仿真环境旨在开发机器人应用程序，但是实际上本质上它们是相同的，都可以应用于设计和仿真其他对象和现象，如电路的设计、物体的运动和游戏等。

3.2　计算机系统

3.2.1　计算机系统的类型

计算机系统可以按不同的方法来分类。图 3-2 给出了一个按用户和用途的分类。下面我们对一些典型的系统做更详细的介绍。

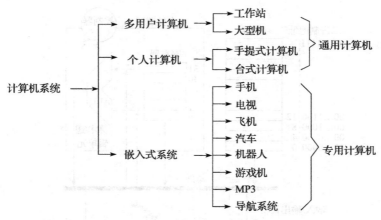

图 3-2 计算机系统的分类

1. 工作站和大型机

工作站和大型机主要面向通用应用领域，具备强大的数据运算与图形、图像处理能力，是为满足工程设计、科学研究、模拟仿真等专业领域而设计开发的高性能计算机。工作站和大型机也广泛用作服务器为远程终端用户提供服务。

2. 个人电脑

个人电脑就是我们日常使用的台式机和笔记本，相信大家都已经很熟悉了。

3. 嵌入式系统

嵌入式系统是一种专用的计算机系统，常常作为装置或者设备的一部分。事实上，绝大部分带有数字接口的设备，如手表、微波炉、录像机、车灯，都使用嵌入式系统。与个人计算机这样的通用计算机系统不同，嵌入式系统通常执行的是带有特定要求的、预先定义好的程序和任务，也可以通过一个开发平台对嵌入式系统重新编程。本书中用于教学的 Intel 和 EV3 机器人也属于嵌入式系统。我们将通过 VIPLE 对 Intel 和 EV3 机器人进行编程。

3.2.2 计算机系统的组成

一个计算机系统主要有五大部件组成，如图 3-3 所示。所有部件通过总线连接。

- **ALU（算术/逻辑单元）**：执行算术和逻辑操作，通常包括加法、减法、与（AND）、或（OR）、非（NOT）运算。ALU 使用多路选择器来选择不同的运算。算术/逻辑单元还需要一组寄存器的支持，以便更高效地执行运算。
- **控制器**：对指令进行译码，从而产生控制信号来告诉 ALU、内存和 I/O 设备需要做什么。
- **存储器（内存）**：存储指令和数据。
- **输入设备**：把输入的数据写入内存。
- **输出设备**：从内存中读取数据。

图 3-4 给出了一个简单的 ALU 设计。它能够执行算术和逻辑操作，包括与、或、加和减等操作。该 ALU 会用到以下部件：非门、与门、或门、全加器、2-1 多路选择器和 4-1 多

路选择器。在本章的实验中,我们将用 VIPLE 实现这一 ALU 设计。

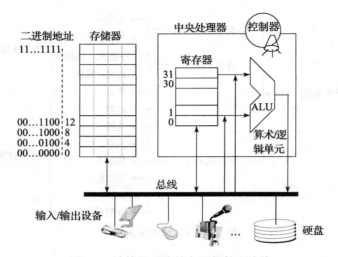

图 3-3　计算机系统的主要部件和连接

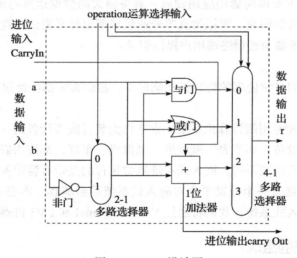

图 3-4　ALU 设计图

一个 2-1 多路选择器有一条控制输入线（0 或 1 值）和两条数据输入线。当控制输入线的值为 0，连到 0 端口的输入线将被选中，与输出线接通。当控制输入线的值为 1，连到 1 端口的输入线将被选中，与输出线接通。图 3-4 的 2-1 多路选择器用于选择加法运算和减法运算。减法实际是通过加负数来实现的。

一个 4-1 多路选择器有两条控制输入线（00，01，10 或 11 值）和 4 条数据输入线。当控制输入线的值为 00，连到 0 端口的输入线将被选中，与输出线接通。当控制输入线的值为 01（1），连到 1 端口的输入线将被选中，与输出线接通。当控制输入线的值为 10（2），连到 2 端口的输入线将被选中，与输出线接通。当控制输入线的值为 11（3），连到 3 端口的输入线将被选中，与输出线接通。在图 3-4 的设计中，4-1 多路选择器用于选择与、或、加减运算，端口 3 未用。

1. 冯·诺依曼机

1948 年冯·诺依曼提出程序存储的计算机概念，也叫作冯·诺依曼机或存储程序式计算机。这种计算机具有以下两个特点：

1）指令和数据都以二进制数的形式表示。

2）从内存中读取指令，并且一条接一条的顺序执行。

冯·诺依曼机的优点在于结构简单，便于控制。经过了 70 多年的发展，计算机经历了若干的变迁，但是计算机的基本结构没有太大的变化，基本延续了冯·诺依曼当时的设计思想。

让我们进一步考虑如何在 ALU 中实现逻辑的加法（全加器）设计。首先，回顾一下如何进行十进制加法。从右到左相加两个数。考虑到可能的进位运算，事实上我们是在每位上添加三个数字，如下所示：

```
  3 4 5 4 6  ← a
  1 8 0 7 4  ← b
  1 0 1 1 0  ← carryIn
  5 2 6 2 0
```

计算机只能处理二进制数。二进制加法也是类似的，一个数位只能用 0 或 1 表示。任何一个大于 1 的数将需要多个数位来表示。下面是二进制加法的示例：

```
    1 0 0 1 0 1 1  ← a
  +   1 0 1 0 1 1  ← b
    0 0 1 0 1 1 0  ← carryIn
    1 1 1 0 1 1 0
```

一个典型的计算机含有 32 位的二进制数。它的全加器由 32 个 1 位的全加器构成，如图 3-5 所示，其中，每一位全加器需要三个输入：a、b 和 carryIn，并生成两个输出：carryOut 和 sum。

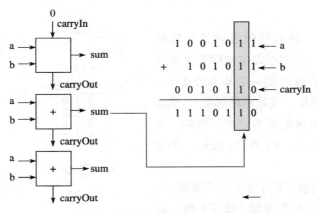

图 3-5 全加器原理及示例

在实验任务中，我们将采用基于组件和面向服务的设计方法来开发和仿真一个全加器。基于组件和面向服务的设计方法包括下列步骤。

将每个基本构件块（与、或、非）设计成一个组件（VIPLE 活动）。这些基本构件块可以基于真值表直接建立。一个真值表表达了输入和输出之间的映射关系。在本节中，我们将进行以下设计：

- 组件设计；
- 把组件封装成 VIPLE 服务；
- 利用已有的组件/服务构建 1 位全加器；
- 创建测试环境来测试全加器。

在接下来的实验中，我们将设计更多的组件：2-1（2 选 1）多路选择器和 4-1（4 选 1）多路选择器，并将它们封装成服务。然后，利用可用的组件/服务构建 1 位 ALU。

例如，图 3-6 为根据异或门的真值表（数学模型）设计的 VIPLE 活动。

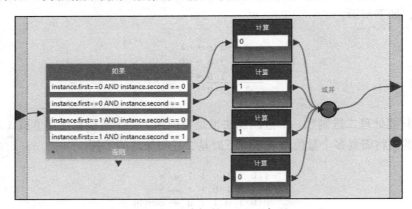

图 3-6 异或门的 VIPLE 实现

2. 仿真异或门的 VIPLE 代码

问题：什么是真值表？

如果一个门电路有 10 个输入，那么它的真值表中有多少种输入组合？10？100？1000？1024？

真值表是通过一种有效的方式来计算命题表达式的命题值，这种方式也被称为决策过程。一个命题表达式可以是一个基本公式（一个命题常数、命题变量，或是命题函数），或是通过逻辑运算符所表示的基本公式，例如，与（$\wedge$）、或（$\vee$）、非（$\neg$）。$Fx \wedge Gx$ 就是一个命题表达式。

经典逻辑的真值表局限于布尔逻辑系统中，在该系统中，只存在两个逻辑（数字）值，真和假，通常分别写作 F 和 T，或是 1 和 0。真值表通过列出所有的输入组合而得到相应输出结果来表示数字部件。图 3-7 为与门、或门、非门、异或门及其真值表。

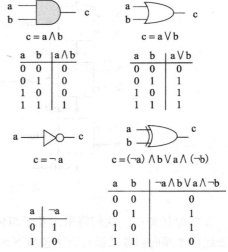

图 3-7 与门、或门、非门、异或门及其真值表

基于这些门电路，我们可以用真值表构建其他逻辑组件。对于 1 位全加器来说，它对 3 个输入 a、b 和 carryIn 求和。生成两个输出：a、b 和 carryOut。图 3-8 表示该全加器的输入和输出及它们的真值表。

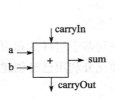

输入			输出	
a	b	carryIn	carryOut	Sum
0	0	0	0	0
0	0	1	0	1
0	1	0	0	1
0	1	1	1	0
1	0	0	0	1
1	0	1	1	0
1	1	0	1	0
1	1	1	1	1

图 3-8　1 位全加器及其真值表

根据真值表，通过手动使用卡诺图，或自动使用计算机辅助设计（CAD）软件都可以进行逻辑设计。图 3-9 给出了基于给定真值表的全加器的逻辑设计。

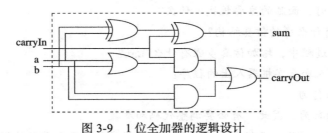

图 3-9　1 位全加器的逻辑设计

在该实验中，我们将使用 VIPLE 来仿真门电路和 1 位全加器。

3.1 位算术逻辑单元的逻辑设计

对于一个输入较多的大型电路来说，直接应用真值表可能太复杂。例如，图 3-10 所示的线路图（1 位算术逻辑单元）有 6 个输入和 2 个输出。

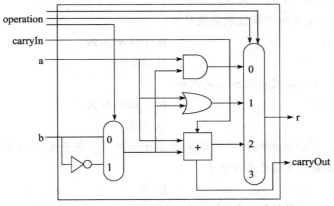

图 3-10　1 位 ALU，可实现加、减、与、或功能

如果直接使用真值表，会有 $2^6 = 64$ 个输入组合，即真值表有 64 行输入值。在 VIPLE 的第一个 If 活动中将测试 64 个条件，且每个条件有 5 组比较，如下所示：

```
a==0 AND b==0 AND CarryIn==0 AND op2==0 AND op1==0 AND op0==0
a==0 AND b==0 AND CarryIn==0 AND op2==0 AND op1==0 AND op0==1
a==0 AND b==0 AND CarryIn==0 AND op2==0 AND op1==1 AND op0==0
…
a==1 AND b==1 AND CarryIn==1 AND op2==1 AND op1==1 AND op0==0
a==1 AND b==1 AND CarryIn==1 AND op2==1 AND op1==1 AND op0==1
```

若采用这一设计方案，VIPLE 框图会很复杂。因此，我们将使用基于组件的和面向服务的方法来处理上述复杂的组件，也就是说，我们将遵循逻辑设计并充分利用已经创建好的组件（服务）。这一设计和实现，将在下一章中讨论。

问题：如果设计一个具有 a、b 和 op0 三个输入的 2-1 多路选择器，需要多少个条件？每个条件各需要多少组对比？

练习：我们已经了解了仿真和计算机系统的基础知识，现在通过练习来巩固这些知识。你必须完成下面的练习才能开始后续的实践。

1. 什么是仿真？
2. 在设计一项仿真时，面临的主要挑战是什么？
3. 在 VIPLE 中，有什么样的仿真结构？
4. 在机器人的设计过程中，增加仿真步骤有什么优点？
5. 运行在模拟机器人和真实机器人上的程序：
   A. 将具有同样的行为
   B. 可能有不同的行为，因此，有必要调整代码和参数
   C. 行为大不相同，因此，运行在真实机器人上的程序必须完全重新编写
   D. 有不同的目的。前者是基于概念模型的，后者是基于物理模型的
6. 什么是真值表？真值表的目的是什么？
7. 如果一个数字逻辑部件有 6 条输入线，它的真值表将有多少种输入组合（真值表有多少输入行）？
8. 什么情况下应该直接用真值表来设计一个部件？
9. 下面的哪个部件应该直接用真值表来设计？
   A. 4-1 多路选择器 B. 1 位全加器
   C. 1 位 ALU D. 或门
10. 下面的哪个部件应该用模块化方法来设计？
    A. 4-1 多路选择器 B. 1 位全加器
    C. 1 位 ALU D. 或门
11. 根据实验手册，下面的哪些组件应该采用基于组件（首先开发活动或者服务）方法来开发，而不是直接基于真值表来开发？
    A. 32 位全加器 B. 与门
    C. 或门 D. 非门

12. 仿真只能用于硬件设计，不能用于软件设计。
    A. 对   B. 错
13. 只要机器人在仿真环境能正确运行，它就能在真实环境中正确运行。
    A. 对   B. 错
14. 计算机可以分为哪些种类？
15. 哪些系统属于嵌入式系统？（多选）
    A. 工作站   B. 机器人   C. 个人计算机   D. 游戏机
16. 计算机系统的基本组成部分有哪些？
17. 中央处理器由哪些部件组成？（多选）
    A. 控制器   B. 存储器   C. 算术逻辑单元   D. 外围设备
18. 算术逻辑单元执行的运算通常包括哪些？（多选）
    A. 减法   B. 与（AND）   C. 数据输入   D. 译码
19. 什么是多路选择器？
20. 一个 4-1 多路选择器需要多少条控制输入线？
    A. 1   B. 2   C. 3   D. 4
21. 在 ALU 的设计中，减法是如何实现的？
    A. 减法器   B. 加负数   C. 乘负数   D. 除负数
22. 什么是冯·诺依曼机？

3.3 在 VIPLE 中创建计算机系统部件

在本节中，你将创建代表与门的活动，以及其他用来建立 ALU 的组件。

3.3.1 创建逻辑与门

创建一个新的项目并保存为"ALU_Simulation"。

1）插入一个活动并命名为"GateAND"，如下图所示。请基于逻辑真值表（机械模型）来实现这个逻辑门。

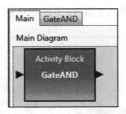

2）定义输入，双击 Action 按钮然后点击下图所示的橙色按钮。

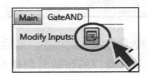

3）对于一个与门，你需要定义两个输入值，如下图所示。

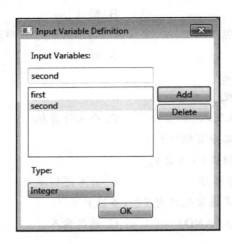

确保两个输入变量都是 Integer 类型。

4）将一个如果/否则活动添加到框图里。创建 4 个不同的条件来匹配每个可能的结果。添加两个数据活动，每个数据活动代表一个可能的结果，1 或者 0。然后拖放两个或并活动，并如下图所示连接每个活动。

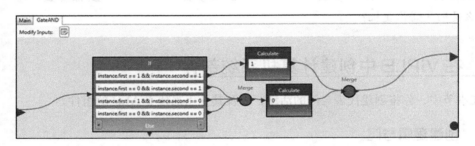

为了测试你自己设计的活动的正确性，在"diagram"窗口中，添加所需的"data"输入并在输出上添加一个"Print Line"，用以查看活动的输出。运行程序并查看你的活动在所有基于真值表的输入组合情况下是否正确。

在你的测试中尝试不同的数据输入：0 0、0 1、1 0 和 1 1，如下图所示。

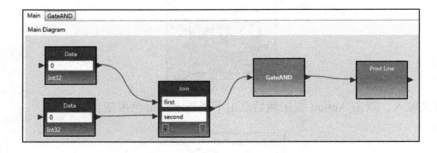

完成实验后请通知你的实验指导老师验收你的程序，然后换一个操作员进行下一个实验任务。
创建逻辑或门和创建逻辑非门及异或门的步骤与创建与门类似，故不再赘述。

3.3.2 创建一个 1 位全加器

在本节中，你会创建一个代表 1 位全加器的活动。下图给出了逻辑电路。请根据给出的框图并使用之前作业中创建的活动和服务来实现这个活动。

重要提示：绘图时应从左至右进行，一旦在设计中给出了连接的双方，就可以绘制双方的链接。这样可以保证活动和服务间的关系正确。如果从右到左绘图，将会出现许多错误。从理论上讲，一旦连接好所有的组件，上述错误将会消失。但在实践中，开发环境可能无法同时消除所有的错误。

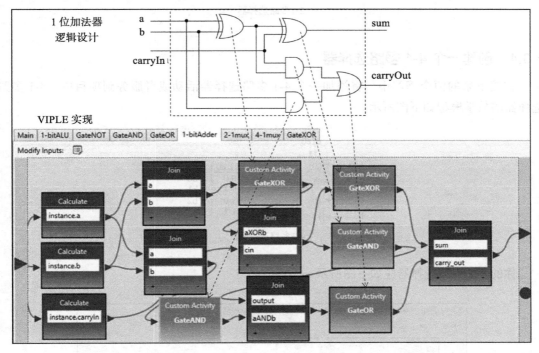

为了测试自行设计活动的正确性，在"diagram"窗口中，添加所需的"数据"活动作为输入，并为每个活动添加一个"简单对话框"服务作为输出。运行程序并测试该活动正确与否。

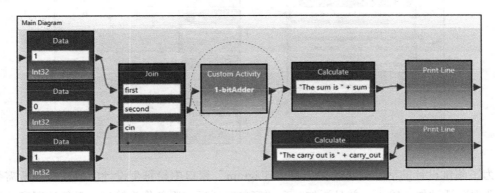

将 OneBitAdder 活动导出成一个服务并测试这个服务。

3.3.3 创建一个 2-1 多路选择器

一个 2-1 多路选择器的数学模型（真值表的简写形式）在下图中给出。2-1 多路选择器是 4-1 多路选择器的简单版本。你可以用之前实验创建的活动和服务。

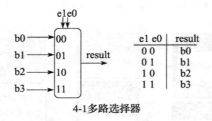

2-1多路选择器

3.3.4 创建一个 4-1 多路选择器

在接下来的两个练习中，将添加一个 4-1 多路选择器活动或者服务到项目中。4-1 多路选择器的数学模型如下图所示。

4-1多路选择器

你的 4-1 多路选择器应如下图所示。

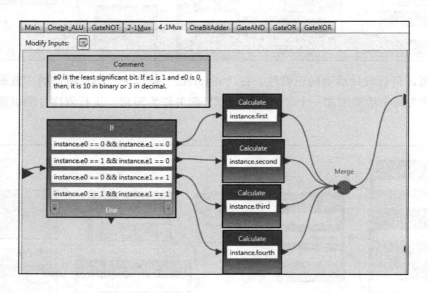

为了测试设计的活动的正确性，在"diagram"窗口中给每个设计的活动添加所需数量的"数据"活动作为输入，并且添加一个"简单对话框"服务作为输出。运行该程序，看看设计的活动是否正确。

3.3.5 创建一个 1 位 ALU

在构建这个 ALU 之前，它所需的所有的服务已经创建了，它们完成四个不同的功能：与、或、加和减。

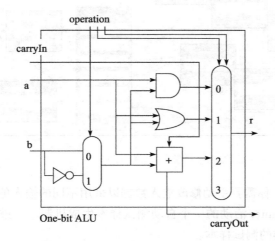

One-bit ALU

给这个逻辑设计 VIPLE 程序，一个示范代码如下图所示。但是实验者仍然需要根据活动和服务的名字编写代码，还需要定义部件之间数据连接的值。下图中的数值可能有不同的名字。

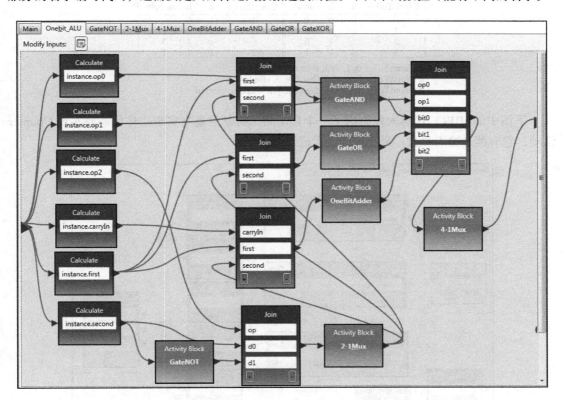

1 位 ALU 设计完成以后，添加输入数据和输出服务来测试这个 ALU，如下图所示。测试方法和 1 位全加器类似，但是需要给 op0、op1 和 op2 添加 3 个额外的输入数据。

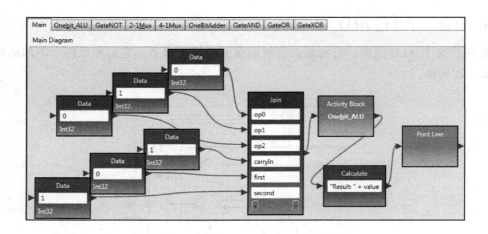

3.3.6 自动测试

在前面的实验中,你需要手动修改输入数据以采用不同的输入值来进行测试。在本练习中,你会构建基于 Counter 活动的一个自动测试样本生成机制。十进制输出被映射成了二进制数,用来作为全加器的测试样本。

首先我们需要将 Counter 的十进制数转成二进制数。下图给出了我们需要做的转换。

CountTo7	a	b	carryIn	CountTo7	a	b	carryIn
0	0	0	0	4	1	0	0
1	0	0	1	5	1	0	1
2	0	1	0	6	1	1	0
3	0	1	1	7	1	1	1

if CountTo7 = 0, 1, 2, 3, then a = 0, else a = 1;
if CountTo7 = 0, 1, 4, 5, then b = 0, else b = 1;
if CountTo7 = 0, 2, 4, 6, then carryIn = 0, else carryIn = 1;

下图中的 VIPLE 代码大致给出了一个自动测试机制的基本实现。你仍需要实现 Counter 活动,它有两个输入参数:最小值和最大值。

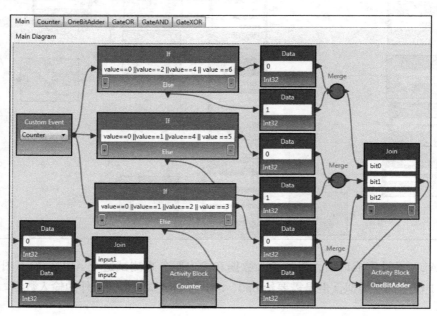

下图给出了 Counter 活动。

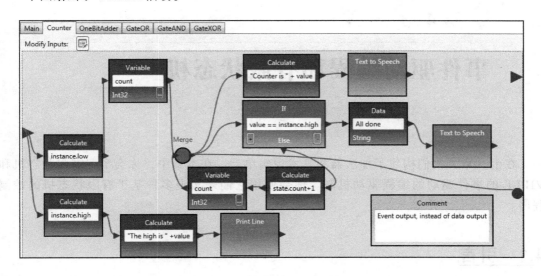

下图给出了带真值表数值输出的 OneBitAdder 活动。

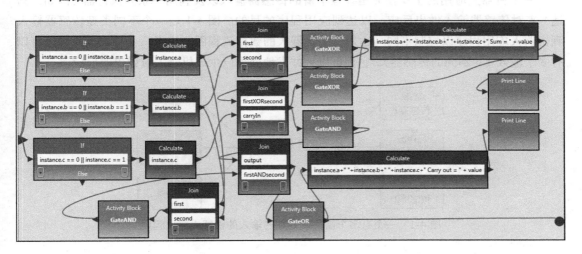

由于并行计算的特性，测试样本的生成是乱序的。保持并行线程之间的同步是有难度的。我们现在不解决这个问题，在分布式软件开发中，我们会花大量时间来解决线程监控和同步的问题。

第 4 章
事件驱动编程和有限状态机

在上一章，我们构建了加法器和算术逻辑单元。在本章中，你会学习有限状态机和 VIPLE 的事件驱动的编程驱动机制。你会使用它们来实现多种基于有限状态机的控制程序。

4.1 引言

一个机器人应用的主要任务是处理丰富的传感器输入以及利用一系列执行器（例如，马达）来对传感器输入做出反应，以达到应用程序的目的。图 4-1 是一个不同类型传感器输入到机器人应用程序以控制不同马达来移动机器人的数据流程图。注意：一个机器人程序可以有多个输入（对不同的传感器），它们可以被并发地处理以生成机器人应做出的反应。

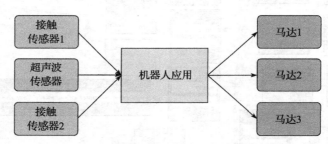

图 4-1 一个有多个需并发处理的输入的机器人应用程序

4.2 事件驱动编程

与基于控制驱动的编程方式不同，假设只有一个处理器，因此只有一个控制流。事件驱动计算是一种编程模型，它的程序流程是由事件（通知）来决定的，比如用户动作（鼠标点击和键盘按键按下），传感器输入/输出或者其他线程传来的消息。这些事件可以在程序执行的任何时刻产生。在事件驱动模型中，它会假设有多个处理器来并行处理多个事件。

机器人应用程序大多采用事件驱动的编程方式，也就是说，程序必须对到来的事件作出反应。传感器输入的处理和控制执行器必须并发（并行）进行；否则执行器将会"饥饿"。

在本次实验中，我们会在程序中使用通知"Notification"。一个通知输出可以单独用来通知某个特定事件，比如，一个动作的完成。它也可以作为一个常规返回值的附加输出。通知和常规返回值能给用户的活动一个附加信号，如图 4-2 所示。

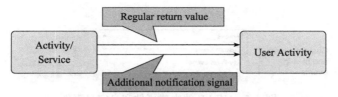

图 4-2　通知包含一个附加信号

如果活动（服务）将使用多次，比如，一个循环体，那么附加的通知信号是必要的。如果没有通知信号，当这个新值正好和前面的值相同时，用户活动就无法判断是否有一个新值到来；

添加通知信号后，当一个通知到来时，用户活动就能知道一个新值的到来，无论它是否与前面的值相同，如图 4-3 所示。

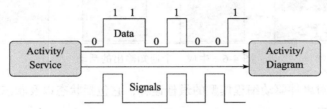

图 4-3　返回值有可能不改变，当需要表示下一个值的到来时，通知是必须的

图 4-4 显示了一个计数器活动，每当计数器的值为 10 时，它产生一个通知。这个通知可以用来触发另一个活动的执行。它通过连接计算器的输出值到环形（事件）输出，而不是三角形（数据）来定义了一个事件，当或并活动生成一个新值时它会产生一个事件，这个事件可以用来触发另一个活动的执行。一个活动会生成数据输出和事件输出。

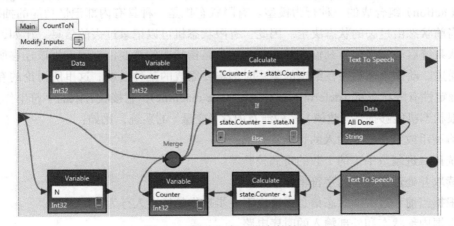

图 4-4　活动生产一个事件输出

当一个事件输出定义好后，这个事件会出现在"自定义事件"服务里，如图 4-5 所示。VIPLE 有两种类型的事件：内建事件和自定义事件。内建事件包括按键按下事件、按键放

开事件和传感器生成的事件。每个事件被定义在活动里，这个事件会被添加在自定义事件集合里。

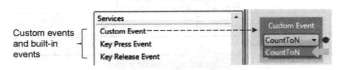

图 4-5　VIPLE 的内建事件和自定义事件

在你的活动里创建事件以便其他活动来使用它是事件驱动编程的一部分。使用事件输出作为你的程序的输入是事件驱动程序的另一部分。图 4-6 显示了在框图中使用事件来生成事件的测试样本。注意到 CountToN 活动没有连接到 Print Line 服务。

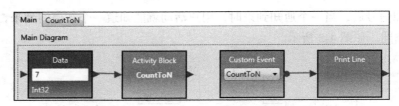

图 4-6　生成一个通知输出的活动

有限状态机是对事件驱动编程模型的最佳诠释，它包括状态以及状态之间的转化。状态转化是靠事件触发的。

4.3　有限状态机

有限状态机（Finite State Machine，FSM）图，也称为状态图（state diagram）或者状态迁移图（state transition diagram），是由有限数量的状态（state）、状态间的迁移（transition）和动作（action）组合成的一种行为模型。有限状态机是一种具有内部记忆功能的抽象模型，系统的当前状态由过去的状态决定。因此，有限状态机可以记录过去的信息。比如，它可以反映出从系统启动到当前时刻输入的变化。迁移是指状态的改变，它用产生该迁移所满足的条件来描述。动作用来描述在给定的某一时刻将要完成的某种活动。这里所讨论的有限状态机均是确定性有限状态机（deterministic finite state machine），它接收有限的字符串作为输入。

有限状态机能够描述（建模）多种涉及内存（变量）的系统，比如：
- 将硬币或纸币作为输入的自动售货机；
- 统计二进制数中 1 的个数的奇偶校验器；
- 读取并处理字符串的字符串过滤器；
- 根据当前和过去的状态信息来决定下一步操作的机器人行为控制器；
- 根据内部状态和外部输入的时序电路。

我们将学习两种类型的 FSM：1）纯 FSM，仅将状态作为唯一的存储，不使用额外的存储变量；2）使用额外存储变量的 FSM。首先让我们来了解纯 FSM。

假定有一个自动售货机，售卖苏打水，每瓶 75 美分。它有如下 4 种输入：

- 存入 25 美分
- 存入 1 美元
- 按"取汽水"按钮
- 按"退币"按钮，将货币退出

由于所有的信息都必须存储在有限数量的状态中，因此必须假定自动售货机可以接收货币值的最大值。比如，可以假定自动售货机最多可以接收 100 美分（1 美元，或者 4 个 25 美分）。图 4-7 展示了该有限状态机。

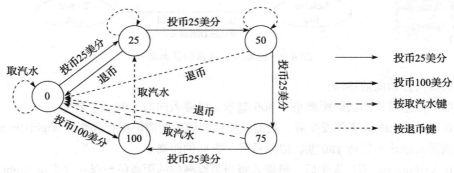

图 4-7 纯确定性有限状态机

如果使用额外的存储变量，可以消除可接受货币值的上界，并且可以减少状态的数量。图 4-8 展示了使用额外存储变量 Sum 的 FSM，变量 Sum 存储了自动售货机总共接收的货币值。在图 4-7 和图 4-8 中，在"0"状态下可以按退币键。图中没有画出。应该如何加上这条状态转移线呢？

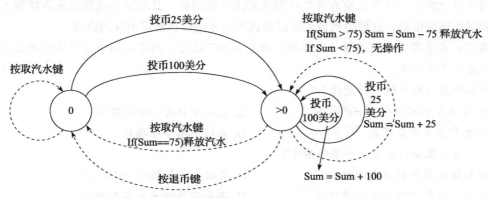

图 4-8 使用额外存储变量的确定性有限状态机

也可以用 FSM 来对走迷宫的机器人程序进行建模。在图 4-9 中，使用了两个存储变量。变量 Status 可以存储"Forward""TurningRight""TurnedRight""TurningLeft""TurnedLeft"和"Resume180"6 个字符串值。整型变量 RightDistance 存储机器人在向右转弯后，与障碍物的距离。带变量的 VIPLE 图实现了有限状态机或者状态图，它的状态存储在变量中，状态迁移由输入（也被称为事件）触发。

图 4-9 的状态图实现了下面的启发式（人工智能）算法：

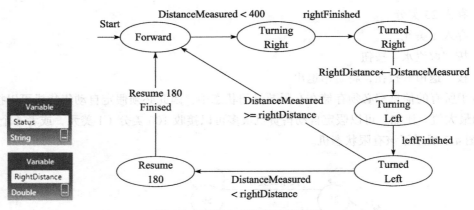

图 4-9 机器人走迷宫的状态图

1）机器人开始向前移动。

2）如果传感器检测到的距离小于 400 毫米，机器人向右（90 度）转弯。

3）在 rightFinished 事件发生后，机器人将检测到的距离值保存到变量 RightDistance 中。

4）机器人原地左转弯 180 度，以测量另一方向的距离。

5）在 leftFinished 事件发生后，机器人将当前检测到的距离值与保存在变量 RightDistance 中的距离值进行比较。

6）如果当前距离值较大，自动机迁移到 Forward 状态，机器人向前移动。

7）否则，机器人恢复到之前的方向（原地转弯 180 度）。

8）自动机迁移到 Forward 状态，机器人向前移动。

上述算法之所以称为启发式算法，是因为它尝试通过检测所有可能的路线来确定较佳线路。相比其他算法，该算法更有可能找到未知迷宫的解答。其原因是该算法允许机器人收集尽可能多的环境信息，这使得机器人可以根据当前环境信息确定最佳的路线。

练习：在学习完之前部分的内容后，请完成如下练习，只有正确回答所有的题目后才能开始后面的实践环节。

1. 事件驱动编程的关键特性是什么？
   A. 所有语句中有一个单一的控制流　　B. 系统中只有一个处理器
   C. 系统中有多个处理器　　D. 系统中有多个循环

2. 我们在活动里如何定义一个事件输出？
   A. 连接输出数据到三角形端口　　B. 连接输出数据到环形端口
   C. 连接输出数据到长方形端口　　D. 不要连接输出数据到任何端口

3. 我们在一个活动里如何定义一个事件？
   A. 使用服务列表里的 "Custom Event" 服务
   B. 使用服务列表里的 "Key Press Event" 服务
   C. 使用服务列表里的 "Key Release Event" 服务
   D. 使用服务列表里的 "Built-in Event" 服务

4. 处理传感器输入和控制电机（执行器）需要并行计算。
   A. 对　　B. 错

5. 一个事件信号是必需的，如果这个活动：
   A. 会被多次使用，比如在一个循环中　　B. 仅会被使用一次
   C. 没有任何输出值　　D. 返回一个 string 类型值
6. 机器人应用采用哪种实现方式会更好？
   A. 事件驱动编程　　B. 基于控制流的编程
   C. 真值表　　D. 汇编语言编程
7. 下面哪些是 VIPLE 里的内建事件？（多选）
   A. 键盘按下事件　　B. 键盘放开事件
   C. 计算　　D. 或并
8. 如果一个投币洗衣机接受所有的硬币，那么硬币接收器背后的逻辑是：
   A. 无状态机　　B. 1 状态有限状态机
   C. 2 状态有限状态机　　D. 3 状态有限状态机
9. 如果车库门控制是基于一键遥控，那么系统设计必定是基于一个：
   A. 无状态机　　B. 真值表
   C. 有限状态机　　D. 图解模型
10. 下面哪个数学模型是确定性模型？（多选）
    A. 真值表　　B. 有限状态机
    C. 图解模型　　D. 可靠性模型
    E. 投币试验
11. 通过将当前数字与先前数字的运行总和相加来实现一系列数字相加的累加器，可以采用的最佳实现方案是：
    A. 组合电路　　B. 顺序电路
    C. 一个 ALU　　D. 多路选择器
12. 交通灯控制器用哪一种数学模型实现最好？
    A. 真值表　　B. 有限状态机
    C. 图解模型　　D. 投币试验
13. 哪一种数学模型最好地解释了一个 1 位加法器？
    A. 真值表　　B. 有限状态机
    C. 图模型　　D. 投币试验
14. 有限状态机属于工程设计的哪一环节？
    A. 定义问题和需求　　B. 定义可选解决方案
    C. 建模　　D. 原始实现

如果你能正确地回答这些问题，你就完成了实验前的准备工作。

4.4　用 ASU VIPLE 来解决事件驱动问题

尽管 ASU VIPLE 可以用来作为一个通用编程语言，但它的优点在于可以对一系统事件作

出反应的事件驱动编程。有限状态机最好地诠释了事件驱动应用，它包括状态以及状态之间的转化过程，而转化过程是由事件触发的。我们将会开始用 ASU VIPLE 来解决事件驱动问题。

建议在实验室以团队合作方式完成本节内容。

4.4.1 创建一个事件驱动计数器

在你开始编程之前，请下载新版本的 VIPLE（网址 http://neptune.fulton.ad.asu.edu/VIPLE/）。

按图 4-4 至图 4-6 构建事件驱动计数器比较这个计数器和先前实验中完成的计数器的异同。

4.4.2 实现一个自动售货机

图 4-8 给出了一个有限状态机（FSM），我们开始实现的自动售货机的需求不适用事件驱动编程。

图 4-10 给出了一个简单的 VIPLE 框图。我们用简单对话框接受输入。用户可以输入：quarter（25 美分），dollar（1 美元），return（找钱），soda（苏打水）。基于这些输入值，程序会生成所需要的输出。

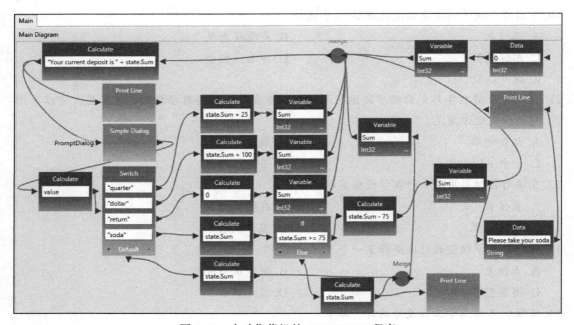

图 4-10　自动售货机的 ASU VIPLE 程序

完成实验后请通知你的实验指导老师并验收你的程序，然后换一个操作员进行下一个实验任务。

4.4.3 用事件来实现自动售货机

将程序从使用简单对话框更改为使用按键按下事件作为有限状态机的输入（触发器）。可使用下列按键：

- q 表示 25 美分
- d 表示 1 美元
- r 表示找钱
- s 表示苏打水

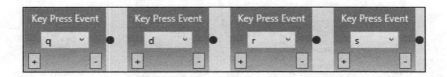

你可以把每个按键按下事件连到一个数据，分别表示 25 美分、1 美元、找钱和苏打水，然后用一个或并将它们连接到开关。

完成后测试你的程序并确保它能像预期的一样工作。

4.4.4 车库门控制器

图 4-11 给出了一个有限状态机，在 ASU VIPLE 中实现模拟车库门控制逻辑。

此时，ASU VIPLE 尚未连接到传感器和执行器（电机），我们将使用按键按下事件以及行打印来模拟传感器和电机。

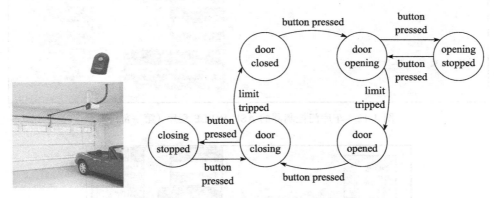

图 4-11 车库门控制器的有限状态机

遥控器是一个接触传感器或者一个按键按下事件，限制传感器是电机中一个内置的传感器。当门停下来时，限制传感器会生成一个通知。与你在迷宫导航程序里所学一样，你可以在 VIPLE 里运行你的程序，如图 4-12 所示。在该框图中，Ctrl 键是用来模拟遥控器的。

测试你的程序并确保它按要求工作。

图 4-12 所示的框图实现得并不完整。电机内置的限制传感器可以用一个定时器事件来模拟。当 Ctrl 键按下时，这个定时器会开始定时 3 秒钟。它的状态会在定时器到时后改变，如图 4-13 所示。

测试你的程序并确保它能按要求工作。确保在按下 Ctrl 键后，在定时器到时前，在触碰限制传感器之前，你能否让门停下来。

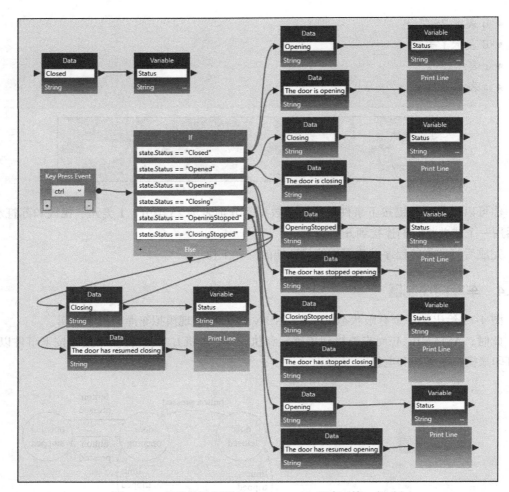

图 4-12 车库门控制器的 ASU VIPLE 程序(第一部分)

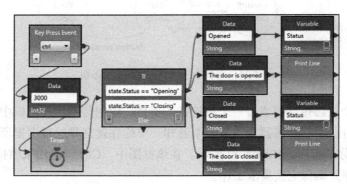

图 4-13 车库门控制器的 ASU VIPLE 程序(第二部分)

4.4.5 奇偶校验

图 4-14 给出了一个奇偶校验的有限状态机,在 VIPLE 中实现一个模拟的奇偶校验逻辑。程序必须根据给定的 FSM 来完成状态转移并生成 FSM 里所示的输出值。你可以用按键

事件来模拟输入 0 和 1。你必须用一个变量来存储状态 "even" 和 "odd"。你可以用一个 if 活动来同时比较输入值和状态值。比如，
如果 value==0 && state.status == "even"，
则不需要改变状态，但输出 "stay even"。
你需要考虑 4 种可能的输入和状态组合。

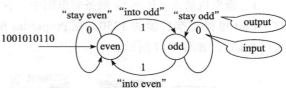

4.4.6 并行计算

图 4-14 奇偶校验的有限状态机

　　VIPLE 提供了一个环境，在此之上可以教授许多计算和编程的基础，也可以用它来介绍并行计算的概念，而不需要教授同步以及线程安全或者线程数据传递的细节。前面讨论过的计数器示例让学生们体验了多线程环境和顺序环境的差别。比如，"all done" 有可能在说出最后的数字之前说出。学生会学到并非所有的线程都是先开始就先结束。现在我们用 VIPLE 来实现并行加法。我们先从顺序加法开始。图 4-15 的代码按顺序加和了 15 000 个数。

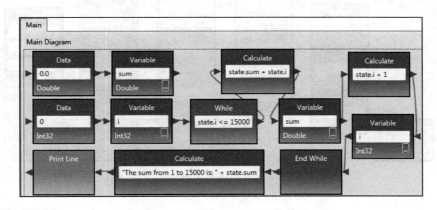

图 4-15　顺序加 15 000 个数

　　为了执行并行计算，我们可以将输入分成多个部分，并使用并行线程将每个部分相加。最后，我们把每个部分的和汇总为最终的总和。图 4-16 显示了在三个并行线程中将这些数相加的代码。

　　程序员把输入分成三个部分（0-4999，5000-9999，10000-15000）并且用三个求和变量来存储每个部分的和。最后，用一个与并来等待所有的三个结果，最后的结果会将它们加在一起。整个例子教授了学生映射化简的概念，在其中他们学习了把一个顺序问题划分成多个子问题，并用独立的线程解决每个子问题（map）。然后，他们用一个与并来等待所有结果（自旋同步）。最后，把所有的部分和相加得到总和。

4.4.7　线控的模拟

　　我们已经使用 VIPLE 的控制流方式以及事件驱动方式来作为通用编程工具。这些必要的准备工具将实现我们的主要目的：IoT 编程以及机器人应用编程。本节我们将重点介绍用模拟环境以及真实机器人来开发机器人应用。我们首先用线控程序来通过计算机上的键盘控制机器人。然后，讨论一个控制机器人在迷宫中无人为介入下导航的自主程序。

在 VIPLE 中实现了许多机器人服务来适应不同的机器人。

1）拖曳机器人（Robot）服务到框图中。右击这个机器人并使用以下的配置：在 Change TCP Port 里设定端口值为 1350，在 Properties 里选择 localhost，然后在 Connection Type 里选择 Wi-Fi，如图 4-17 所示。

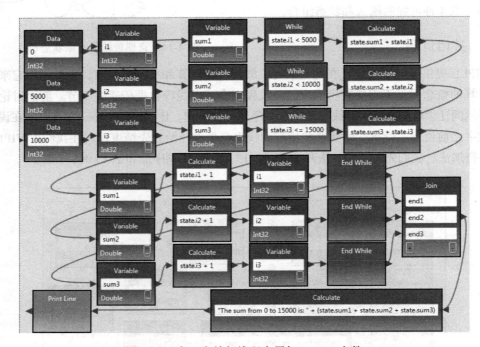

图 4-16　在 3 个并行线程中累加 15 000 个数

图 4-17　模拟环境中机器人服务的配置

2）编写线控的代码，如图 4-18 所示。你可以根据注释来设定数据连接的值，并在 VIPLE 服务列表里找到这些服务。

你必须右击每个机器人移动 / 转动服务并选择 "My Robot 0" 作为它们的伙伴。

在开始写程序时，你不会看到有任何事情发生。你需要一个模拟器或者一个真实的机器人来了解用代码控制的机器人。此时我们会用一个模拟器，以后再使用一个真实的机器人。

3）选择 VIPLE 菜单中的运行 → 启动 Unity 模拟器来启动 Unity 模拟器。图 4-19 显示了 VIPLE 中的运行命令和模拟的迷宫环境以及机器人。现在你可以用 5 个按键：w、d、a、s 和空格来控制你的机器人了。你也可以用鼠标点击迷宫来添加或删除砖块。

注意，为了让 VIPLE 从键盘接收命令，需要缩小 VIPLE 代码窗口，避免它挡住了模拟器的窗口。

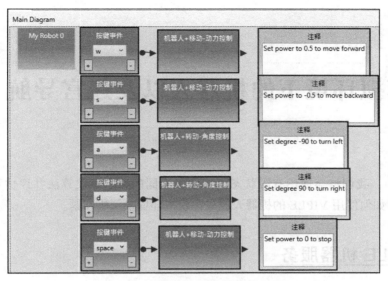

图 4-18 基本的电线驱动程序的框图

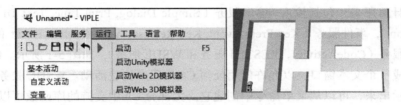

图 4-19 启动 Unity 模拟器

第 5 章
模拟环境下的机器人以及迷宫导航

在本章中,我们将会使用有限状态机来定义不同的迷宫导航算法并评估不同算法的性能。你将学习如何使用 VIPLE 的机器人服务和模拟环境来解决问题。

5.1 VIPLE 机器服务

VIPLE 是一个具有通用功能的编程环境,也包含 IoT/机器人编程的特殊功能。它实现了三类服务:通用计算服务、通用机器人服务和供应商特有服务。

- **通用计算服务**:包括输入/输出服务(Simple Dialog, Print Line, Text To Speech 还有 Random),事件服务(Key Press Event, Key Release Event, Custom Event 和定时器)和组件服务(CodeActivity, RESTful 服务和 WSDL 服务),如图 5-1 所示。CodeActivity 会生成一个文本窗口,以允许使用任何 C# 代码来构建活动。WSDL 服务没有在列表中显示出来,可以从菜单命令中创建它。大部分 C# 中支持的库函数可以在计算活动的数据框中调用。定时器服务采用一个整数 i 作为输入,它会在 i 毫秒里保持数据流。定时器服务在机器人应用中使用频繁。

- **通用机器人服务**:VIPLE 提供一系列标准的通信接口,包括 Wi-Fi、TCP、Bluetooth、USB、localhost 和 WebSocket。VIPLE 和 IoT/机器人设备之间的数据格式定义为标准的 JSON 对象。任何可以编程为支持其中一种通信类型并可以处理 JSON 对象的机器人就可以和 VIPLE 通信,并用 VIPLE 编程。如图 5-1 所示,所有从机器人开始的 VIPLE 服务都是通用机器人服务。我们会使用这些服务来编程模拟机器人和自制组件的真实机器人。

- **供应商特有服务**:一些机器人,比如乐高机器人和 iRobots,并不提供开放的通信接口和编程接口。在这种情况下,我们提供 VIPLE 内建服务来访问这些机器人,而不需要任何设备端的编程支持。目前,用来访问乐高 EV3 机器人的服务已经实现了,所以 VIPLE 可以读取所有 EV3 的传感器并控制 EV3 的驱动电机和手臂电机,如图 5-1 所示。对于不想构建机器人的同学可以使用 VIPLE 和 EV3 的组合。

在本章后面的实践中,我们会使用通用机器人服务来编程模拟机器人和基于 Intel 的真实机器人。

- **机器人**服务是用来定义连接类型、连接端口和连接地址的。用户可以在一个应用中使用多个机器人服务来控制多个机器人。对每个使用的电机服务和传感器服务,都需要选择一个搭档的机器人。

Services	Robot	Lego EV3 Brick
Code Activity	Robot Color Sensor	Lego EV3 Color
Custom Event	Robot Distance Sensor	Lego EV3 Drive
Key Press Event	Robot Drive	Lego EV3 Drive for Time
Key Release Event	Robot Holonomic Drive	Lego EV3 Gyro
Print Line	Robot Light Sensor	Lego EV3 Motor
Random	Robot Motion	Lego EV3 Motor by Degrees
RESTful Service	Robot Motor	Lego EV3 Motor for Time
Simple Dialog	Robot Motor Encoder	Lego EV3 Touch Pressed
Text to Speech	Robot Sound Sensor	Lego EV3 Touch Released
Timer	Robot Touch Sensor	Lego EV3 Ultrasonic
	Robot+ Move at Power	
	Robot+ Turn by Degrees	
服务	机器人主机	乐高主机EV3
源代码活动	机器人彩色传感器	乐高EV3彩色
自定义事件	机器人距离传感器	乐高EV3驱动器
按键事件	机器人驱动器	乐高EV3驱动器-时间控制
释键事件	机器人完整协调驱动	乐高EV3陀螺
行打印	机器人光传感器	乐高EV3舵机
随机	机器人运动	乐高EV3电机-转角控制
RESTful服务	机器人电机	LEGO EV3电机-时间控制
简单的对话	机器人电机编码器	乐高EV3按下触摸
文字转语音	机器人声音传感器	乐高EV3释放触摸
定时器	机器人触觉传感器	乐高EV3超声
	机器人+移动-动力控制	
	机器人+转动-角度控制	

图 5-1　VIPLE 通用服务，通用机器人服务和 EV3 服务

- 机器人电机服务和驱动服务定义了很多服务来控制设备上定义的不同类型的电机。要使用的服务是由被编程位连到 VIPLE 的真实设备决定的，并且在设备的硬件手册上会详细说明。
  - **机器人电机**：它控制一个单独的电机。它需要设置一个搭档的机器人，一个电机的端口号和一个介于 0 和 ±1.0 之间的驱动功率值。这个值越大，电机转得越快。允许使用正负值，用来控制电机的转动方向。
  - **机器人电机编码器**：它与机器人电机一样，但它是电机编码器的类型。
  - **机器人驱动**：同时控制两个电机用于行走的目的。它需要设置一个搭档的机器人，两个电机端口值和两个驱动功率值。这个值越大，电机转得就越快。允许使用正负值，如果给出两个确定的正值，电机会向前移动。如果给出两个确定的负值，电机会向后移动。如果给出一个较大的值和一个较小的值，或者一个正值和一个负值，机器人就会左拐或者右拐。
  - **机器人完全驱动**：同时控制 4 个电机用于完全驱动的目的。比如控制一个无人机。它需要设置一个搭档的机器人，4 个电机端口号，以及 X 分量、Y 分量和旋转的三个驱动值。
  - **机器人 + 移动 – 动力控制（Robot + Move at Power）**：它需要设置一个搭档的机器人和一个 0 到 ±1.0 之间的驱动功率值来让机器人的两个轮子向前（正值）或向后（负值）移动。不需要设定电机的端口号（在设备中已经硬编码了）。这个服务可以在模拟的机器人中使用。
  - **机器人 + 移动 – 角度控制（Robot + Turn by Degree）**：它需要设置一个搭档的机器人和一个在 0 到 ±360 之间的角度值。不需要设定电机的端口号（在设备中已经硬编码了）。这个服务可以在带有陀螺仪传感器的机器人中使用，或者在模拟环境中轻松控制转弯的角度。我们将在 Web 模拟器中使用这个服务。
- **机器人运动（Robot Motion）**：定义复杂机器人的功能选择，例如，人型机器人。这种机器人可能有几十个电机。VIPLE 可以通过自定义的编号和功能的对应来选择这种机器人的功能。
- **机器人传感器**：为了从设备中读取数据，定义了许多传感器服务，包括颜色传感器、距离传感器、光敏传感器、声音传感器和接触传感器。每个传感器都需要设置一个搭档的机器人和一个端口号。

5.2　VIPLE 支持的机器人平台

VIPLE 支持多种模拟和实体机器人平台，包括 Intel 爱迪生、Intel 伽利略、Minnow and 居里、ARM pcDuino、乐高 EV3 和自定义的复杂机器人，如图 5-2 所示。

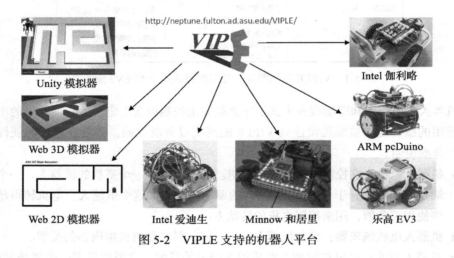

图 5-2　VIPLE 支持的机器人平台

在 VIPLE 机器人服务列表中，机器人 + 移动 - 动力控制（Robot + Move at Power）和机器人 + 移动 - 角度控制（Robot + Turn by Degree）是理想化的服务。可以在模拟环境中实现，但却很难在真实机器人中实现。在真实机器人中，我们需要用机器人驱动器（Robot Drive）。它用两个 -1.0 到 1.0 之间的值来独立控制机器人的左右轮正转和反转。给左右轮输入等值正值，机器人前行。给左右轮输入等值负值，机器人后退。给左右轮输入不等值，机器人将转弯。转弯的角度由用时和差值大小来控制。表 5-1 列举了各机器人平台支持的 VIPLE 机器人移动 / 驱动服务。

表 5-1　机器人平台支持的 VIPLE 机器人移动 / 驱动服务

机器人平台 / 机器人移动 / 驱动服务	Unity	Web 2D	Web 3D	开放架构机器人	乐高 EV3 机器人	复杂人形机器人
机器人驱动器（Robot Drive）	✓	✓		✓		
机器人 + 移动 - 动力控制	✓	✓	✓			

（续）

机器人平台/机器人移动/驱动服务	Unity	Web 2D	Web 3D	开放架构机器人	乐高 EV3 机器人	复杂人形机器人
机器人 + 移动 – 角度控制	✓	✓	✓			
机器人运动（Robot Motion）						✓
乐高驱动器					✓	

除车形机器人外，VIPLE 还支持复杂的人形机器人和动物形机器人，如图 5-3 所示。BIOLOID 机器人共有 18 个电机和多种传感器，可以组装成人形或动物形。BIOLOID 机器人和里奥机器人都可以通过 Wi-Fi 和蓝牙与 VIPLE 通信。

a) BIOLOID 可重组机器人　　　　　　b) 里奥机器人

图 5-3　VIPLE 支持的复杂机器人

VIPLE 中的机器人运动（Robot Motion）服务可以让用户自定义复杂的机器人的功能，这种机器人可能有几十个电机和传感器。VIPLE 可以通过自定义的编号和功能来对应选择这种机器人的功能，如图 5-4 所示。

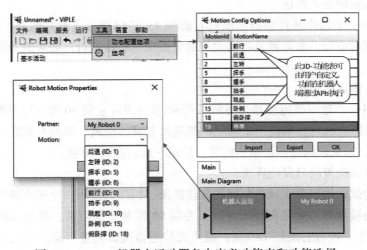

图 5-4　VIPLE 机器人运动服务自定义功能表和功能选择

机器人运动的数据交换格式 JSON 如下所示（例子）：

```
{"motions":[{"motionId":0,"motionSpeed":0.5}
            {"motionId":5,"motionSpeed":-0.3}]}
```

其中，motionId 可以在 Motion Config Option 中定义，在 Robot Motion Property 中选择。MotionSpeed 可以通过右击**机器人运动**，选择 Data Connections 来设置。

5.3　穿越迷宫的算法

有许多不同的算法可以用来帮助人或者机器人寻找到迷宫的出口（从出发点到结束点，如图 5-5 所示）。同一个算法的效果可以变化，这要看迷宫的形状和迷宫的信息是否为事先知道的。此外，一个算法的效率可以从时间角度（或者转弯的数量）来判断。

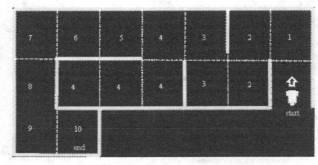

图 5-5　机器人需要导航的迷宫

（1）随机算法

如果有足够的空间，机器人向前移动；当在机器人前方检测到一个障碍物时，机器人随机向左或向右转；这个算法很容易用一个接触传感器或者一个超声波传感器实现。但是机器人需要导航多久才能通过迷宫是无法预测的。

（2）沿墙右前侧定距算法

机器人利用一个超声波传感器来测量右前侧 45 至 55 度（或者左前侧：45 至 55 度）并保持一个固定距离前行。如果测量距离大于固定距离，右转前行；如果测量距离小于固定距离，左转前行。

（3）沿墙右侧定距算法

机器人利用一个超声波传感器来测量右侧 90 度（或者左侧 90 度）的距离并在前方使用接触传感器。机器人前行，维持一个固定的到迷宫右墙的距离。如果右侧距离突然变大，机器人右转 90 度。如果接触传感器触到前墙，后退一点，左转 90 度。

（4）局部最佳决策的启发性算法

这个算法尝试做出只基于现在位置的最佳决策。机器人使用一个超声波传感器来测量它前方的距离。当检测到一个障碍物时，它就左转 90 度并测量距离。机器人把测得值保存到一个变量 Dleft 中，接着它旋转 180 度。超声波传感器接着测量距离。它把测得值与保存在 Dleft 中的值进行比较。如果 Dleft 更小，那么机器人就向前移动。如果 Dleft 更大，那么机器人就旋转 180 度，然后接着向前移动。

请注意机器人可能不会精确地朝某个方向移动或者精确地转过某个角度数。因此，你需要微调在程序中使用的数值来获得一个最佳的转弯率或者优化机器人的移动，使得它在前进时不会走偏。如果机器人完全停止后转弯可以使得转弯的精确度变好。

（5）基于首个可行方案的贪婪算法

机器人使用一个超声波传感器来测量前方的距离。当检测到一个障碍物时，它向左转。如果有足够的空间，机器人测量距离并向前移动；如果它的左侧已经没有空间，它转过180度继续向前移动。这个算法比启发性算法要简单，尽管算法没有真正让机器人做出智能决策；机器人仅仅采用了一个任意的"好"决策，但不一定是最佳决策。

（6）硬编码

机器人利用一个接触传感器或者一个超声波传感器来测量（或者认清）机器人前方的距离。当检测到一个障碍物时，它就根据预先设想好的迷宫布局情况来左拐或者右拐。因为机器人可能不会精确地转过90度并且可能不会精确地直走，这种方法很有可能行不通。

5.4 使用有限状态机的迷宫导航算法

因为我们的真实机器人只安装了一个距离传感器，因此定义本节中的算法仅使用一个距离传感。假设距离传感器安装在机器人的前端。我们将使用有限状态机来描述迷宫导航算法。

1. "首个可行方案"算法

"首个可行方案"是一个指导机器人朝一个可行距离大于某个给定值的方向移动的算法。图5-6给出了这个算法的有限状态机，这个有限状态机包括四个状态。

机器人从"Forward"状态开始。如果前方距离变得小于一个给定值，那么机器人会开始"Turning Left"90度。在"Turned Left"之后，机器人会比较距离传感器的数值。如果这个值足够大，机器人进入"Forward"状态。如果前方距离小于一个给定值时，机器人会回转180度。然后，机器人会进入"Forward"模式向前移动。

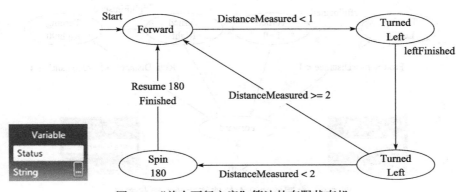

图5-6 "首个可行方案"算法的有限状态机

2. 两距离局部最优算法

"首个可行方案"算法在某些迷宫可能会表现不佳。图5-7给出了"两距离局部最优"（最远距离)算法的有限状态机。

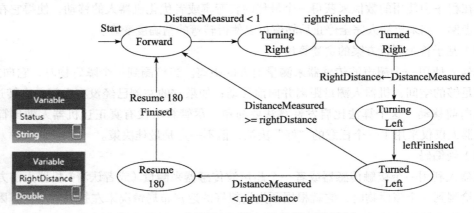

图 5-7 "两距离局部最优"算法的有限状态机

异于用左侧距离与某个定值比较,这个算法比较了左侧距离和右侧距离,并朝更远距离的方向移动。它的有限状态机加入了两个状态来表示"Turning Right"和"Turned Right"。它还用了一个变量来记录 RightDistance。记住我们假设机器人只装有一个距离传感器。它得先保存右侧距离,然后再测左侧距离。

3. 沿右侧墙算法

图 5-8 显示了沿右侧墙算法的有限状态机。它假设机器人有两个距离传感器,一个在前面一个在右侧。这个有限状态机用了两个变量:Status 和到右侧墙的 BaseDistance。BaseDistance 会初始化到一个期望值来使得机器人保持在路中央。

机器人会从向前移动开始,并保持到右侧墙的基本距离。如果这个右侧距离突然变得很大(基本距离 +1),这表明右侧是开阔的,机器人应向右转 90 度来沿右墙走。

如果前方距离变得太小(<1),这表明前方和右侧已经没路了,因此,机器人需要向左转 90 度。

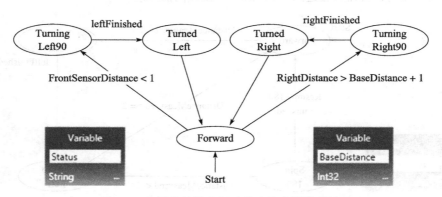

图 5-8 自调整的沿右侧墙算法的有限状态机

这些迷宫导航算法的性能也依赖于迷宫本身。如果我们将这三个算法应用到图 5-9 所示的迷宫中,哪个算法会表现得最好?

模拟环境下的机器人以及迷宫导航

图 5-9 不同的迷宫会影响导航算法的性能

练习：在学习了前面的知识后，你需要完成下面的练习。只有完全答对这些题目，你才可以开始后面的实践环节。

1. VIPLE 提供的标准通信接口有哪些？（多选）
   A. Wi-Fi   B. TCP
   C. Localhost   D. RS232
2. 在当前 VIPLE 实现中支持哪个机器人？
   A. EV3 机器人   B. iRobot
   C. Parallax 机器人   D. NAO 机器人
3. VIPLE 和设备之间通信的数据格式是什么？
   A. XML   B. HTML
   C. WSDL   D. JSON
4. 哪个服务最合适用来控制一个无人机？
   A. Robot Motor   B. Robot Motor Encoder
   C. Robot Holonomic Drive   D. Robot + Move at Power
5. 哪个服务不需要端口号？
   A. Robot Motor   B. Robot Motor Encoder
   C. Robot Distance Sensor   D. Robot + Move at Power
6. 哪个服务属于事件服务？（多选）
   A. Key Press Event   B. Timer
   C. Print Line   D. Calculate
7. 在讨论过的迷宫导航算法中，哪种用了两个传感器？
   A. 一距离贪心算法   B. 在 Unity 模拟器中的两距离局部最优算法
   C. 实际环境中的自调整的沿右侧墙算法   D. 以上所有
8. 在讨论过的迷宫导航算法中，哪个表现最好？
   A. 沿墙算法   B. 局部最优两距离算法
   C. 首个可行方案算法   D. 这依赖于迷宫形状
9. 在讨论过的基于有限状态机的算法中，变量 Status 可以为何种类型的值？
   A. Int32   B. Boolean
   C. Double   D. String
10. 测试迷宫导航算法的基准是什么？（多选）
    A. 转过角度   B. 行程
    C. 转弯数量   D. 机器人速度

5.5 在 VIPLE 模拟器中实现自治迷宫导航算法

在本节中,你会在两个 VIPLE 模拟器中实现自治迷宫导航算法,分别是:Unity 模拟器和 Web 模拟器。

注意:当你完成后续各节每一个实践任务后,请通知你的指导老师并演示你的程序以签收。然后换一个操作员进行下一个实验任务。

5.5.1 理解迷宫算法

在你开始编程前,请从地址 http://neptune.fulton.ad.asu.edu/VIPLE/ 下载和安装 VIPLE。VIPLE 运行后,你可以从 VIPLE 中启动 Web 2D 模拟器,如图 5-10 所示,图中给出了浏览器中打开的迷宫。

 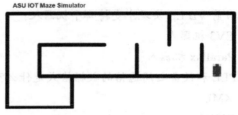

图 5-10 启动 Web 2D 模拟器和迷宫

首先,我们来学习 Web 2D 模拟器和走迷宫的基本方法。模拟迷宫如图 5-11 所示,在图的左下角有三个单选按钮,它们定义了以下三种不同的模式。

- 选择"Move Robot":可以使用键盘上的 4 个方向键来驱动机器人。
- 选择"Erase Wall":可以使用 4 个方向键移动擦除点,并擦除迷宫的现有墙壁。
- 要画一块墙,首先选择"Erase Wall",然后使用箭头键将"方块"移动到要绘制新墙的位置并选择"Draw Wall",就可以使用 4 个方向键为迷宫绘制新的墙壁。

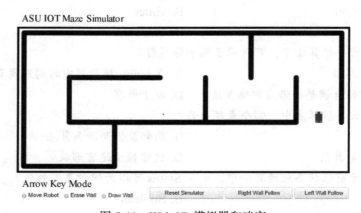

图 5-11 Web 2D 模拟器和迷宫

在这个练习中,您将画出一个新的迷宫,如图 5-12 所示。然后选"Move Robot",并将机器人驱动到终点。你用了多长时间将机器人驱动到终点?

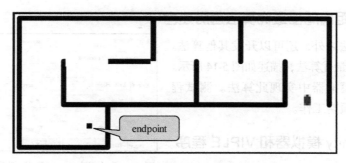

图 5-12 编辑 Web 2D 迷宫

5.5.2 学习沿墙算法

1）打开 Web 2D 模拟器。

2）点击"Right Wall Follow"按钮。观察机器人的移动，并尝试了解以下控制机器人移动的规则。

- 机器人前进；
- 如果右侧有路，则右转；
- 如果前方无路可走，则左转。

3）单击"Reset Simulator"按钮，将机器人设置到起始位置。点击"Left Wall Follow"按钮。观察机器人的移动，并尝试了解以下控制机器人移动的规则。

- 机器人前进；
- 如果左侧有路，则左转；
- 如果前方无路可走，则右转。

5.5.3 编程 Web 机器人使之绕右墙走

基于上一个练习中的研究，可以使用 Web 模拟器中的 Web 编程工具编写以下程序（见图 5-13）。

重置模拟器并运行你的程序，会出现什么状况？

机器人左转，然后再左转，开始走圈。为什么会这样呢？这是因为机器人左转后会看到左侧又有路，因此，就会再左转。要解决这个问题，可以使用"Delayed Turn Left"，延迟左转：

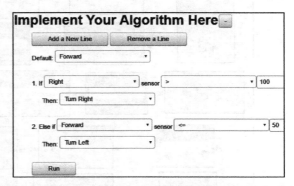

图 5-13 使用 Web 2D 模拟器的内建编程工具实现绕右墙走算法

该代码意味着机器人向左转后向前移动 50。重置模拟器并再次运行代码，如果机器人仍然走圈，则需要使用较大的延迟值，例如 100。

5.5.4 使用两距离局部最优算法遍历迷宫

除了沿墙算法之外,还可以开发其他算法。例如,两距离局部最优算法,描述如图 5-14 所示。

在 Web 2D 模拟器中实现此算法。测试程序,并确保它按预期工作。

5.5.5 理解 Unity 模拟器和 VIPLE 程序

Unity 模拟器简单而且易于初学者使用。它使用 "Robot + Turn by Degrees" 服务和两个距离传感器来测量前方和右侧的距离。

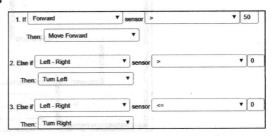

图 5-14 使用 Web 2D 模拟器的内建编程工具实现局部最优算法

在真实机器人中实现 Robot + Turn by Degrees 服务时需要一个准确的陀螺仪。正常情况下我们可以使用驱动功率和时序来控制一个机器人的转弯角度。Web 模拟器中使用 Robot Drive 服务,这和真实的 Edison 机器人使用的二轮驱动服务是一样的。因此,在 Web 模拟器上创建的代码可以容易地移植到真实机器人上。

阅读图 5-15 中的 VIPLE 框图并回答下面的问题。

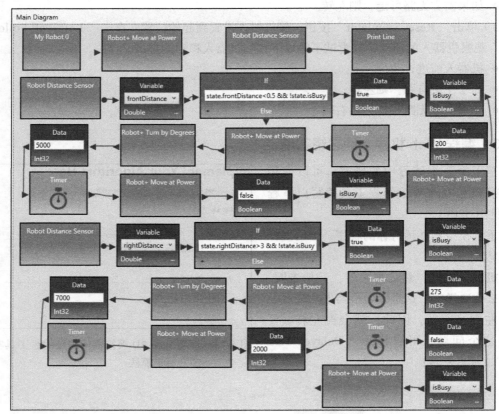

图 5-15 迷宫导航算法的 Main 框图

1)VIPLE 框图实现了什么算法?
2)这个框图使用了什么状态?

提示：它有两种类型的变量：1）有固定可能值的变量；2）没有限定固定值的变量，如 integer 或 double。有限状态机采用有固定可能值的变量作为状态。

3）绘制这个框图的有限状态机。

提示：首先根据 isBusy 变量的值判定状态。然后，添加 transition 的输入/输出，形成完整的有限状态机。

4）需要给 Robot Move 和 Robot Turn 两个服务赋什么值以完成算法？

5.5.6 实现 VIPLE 框图

我们开始使用 Unity 模拟器。

在 VIPLE 中输入框图。确保你用下面的值配置了机器人、传感器和电机服务。

1）右击机器人设定 TCP 端口为 1350；在 Properties 中选择 localhost；在 Connection Type 中选择 Wi-Fi。

2）右击每个 Move 服务并选择"My Robot 0"作为 partner。

3）右击每个距离传感器服务，选择"My Robot 0"作为 partner。右侧传感器端口设为 1，前方传感器端口设为 2。

4）启动模拟器并运行程序。调整 Robot Move 和 Robot Turn 两个服务的给定值让程序正常工作。

5.5.7 实现两距离局部最优算法的活动

在本节中，你将实现两距离局部最优算法。图 5-16 中给出了它的有限状态机。

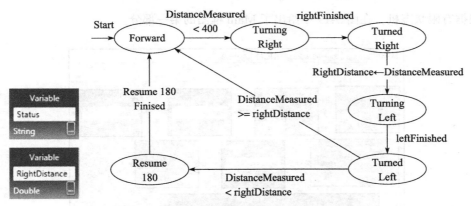

图 5-16 两距离局部最优算法的有限状态机

你将使用模块化的代码来实现这个算法。如图 5-17 所示，首先创建所需的活动。

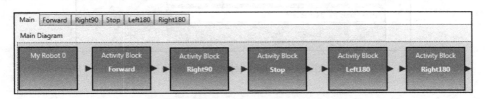

图 5-17 Main 框图中所需的活动

图 5-18 给出了这些活动的代码。Left180 和 Right180 的代码是一样的，除了转过角度分别设成了 –180.0 和 180.0。定时器用来延迟下一个操作以达到稳定性。

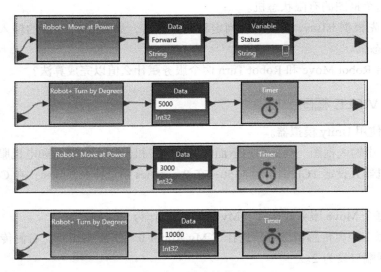

图 5-18　活动的代码

右击机器人服务设定 TCP 端口为 1350；在 Properties 中选择 localhost；在 Connection Type 中选择 Wi-Fi。右击每个 Move 服务并选择 "My Robot 0" 作为 partner。

5.5.8　两距离局部最优算法的 Main 框图

根据有限状态机，在图 5-19 中给出了 Main 框图的第一部分。

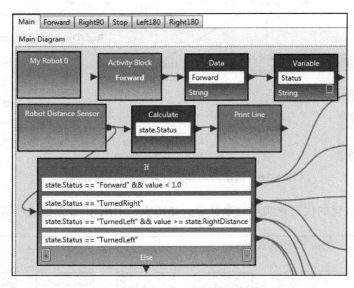

图 5-19　Main 框图的第一部分

图 5-20 中给出了连接到第一部分的 Main 框图的第二部分。

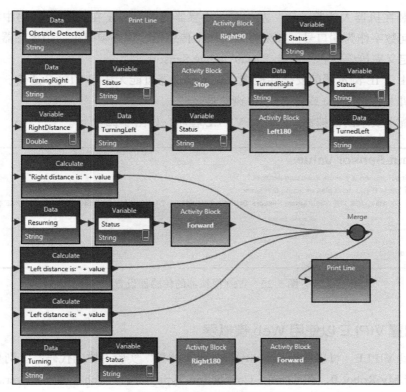

图 5-20　Main 框图的第二部分

启动模拟器并运行程序。

5.5.9　Web 2D 模拟器

VIPLE 中实现的 Web 2D 和 Web 3D 模拟器使用不同系列的服务。这些服务和真实机器人上使用的是一样的，因此，Web 模拟器中编写的程序可以很容易地应用到真实机器人上。需要改动的是用来控制转弯次数的参数值。

Web 2D 模拟器可以在 VIPLE 网站上下载或者直接从链接 http://neptune.fulton.ad.asu.edu/VIPLE/Web2dSimulator/ 下载。

你可以从 VIPLE 中启动 Web 2D 模拟器，如图 5-21 所示，图中给出了浏览器中打开的迷宫。

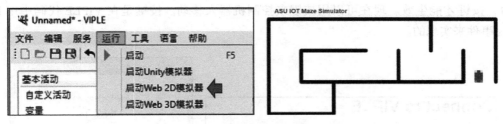

图 5-21　Web 模拟器的迷宫

这个模拟器配有一个超声距离传感器和一个接触传感器，如图 5-22 所示，你可以选择把传感器安装在机器人的前、后、左、右。传感器的端口号是在 VIPLE 代码中定义的。你可以选择任何数字作为端口号。如果你只用一个传感器，你必须把第二个传感器的端口号设为空。在你定义完传感器后，点击"Add/Update Sensors"。

注意，由于 IE 浏览器的安全性检查，Web 模拟器可能无法和 VIPLE 通信。为解决此问题可使用手机上的 Chrome 或者 Firefox 浏览器。

请阅读配置要求的模拟器页来连接 VIPLE 程序，如图 5-22 所示。

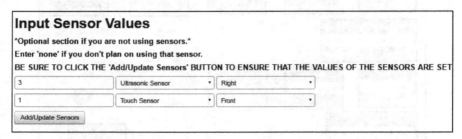

图 5-22　Web 模拟器的传感器设置

5.5.10　配置 VIPLE 以使用 Web 模拟器

现在回到 VIPLE。可以使用与 Unity 模拟器"线控"实验一样的代码。区别是配置。

1）右击 My Robot 0，在 Change Connection Type 中选择 WebSocket Server。在 Change TCP Port 中设定端口号为 8124，如图 5-23 所示。

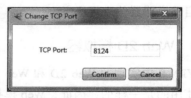

图 5-23　模拟用的机器人服务的配置

2）使用以 Unity 模拟器来模拟的线控的代码。在运行程序后，回到 Web 浏览器中点击"Connect to ASU VIPLE（WebSockets）"，如图 5-24 所示。这个操作会让你的 Web 模拟器连接到 VIPLE。

3）回到 VIPLE 代码，点击控制台窗口（Run 窗口），如图 5-24 所示。Run 窗口必须在前台，按键才能生效。现在可以用按键来控制机器人移动。按键是在 VIPLE 代码中用 Key Press 事件来实现的。

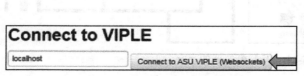

图 5-24　将 Web 模拟器连接到 VIPLE 程序以及 Run 窗口

5.5.11 在 Web 模拟器中实现沿墙算法的 Main 框图

以沿右侧墙算法为例,图 5-25 给出了算法的 Main 框图。对 My Robot 0,连接类型必须是 WebSocket Server 并且 TCP 端口是 8124,如图 5-25 所示。程序中使用了两个传感器。一个右侧的距离传感器用来测量到墙的距离。一个前方的接触传感器用来检测墙。必须对传感器进行如下配置:

- 右击 Robot Distance Sensor 并设 My Robot 0 为 partner,设端口号为 1。
- 右击 Robot Touch Sensor 并设 My Robot 0 为 partner,设端口号为 2。

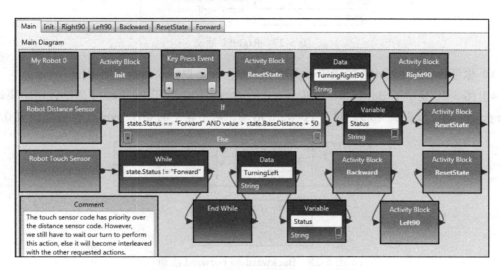

图 5-25 实现沿右墙算法的 Main 框图

5.5.12 在 Web 模拟器中实现沿墙算法所涉及的活动

现在我们需要实现 Main 框图中调用的那些活动。

1)图 5-26 显示了 Init 活动的代码。它初始化了两个变量并将机器人设为向前移动。这个活动没有输出。

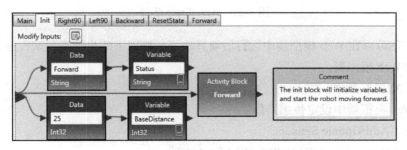

图 5-26 Init 活动

2)图 5-27 显示了 Right90 活动的实现。右击并选择 Data Connection。两个 drive 服务的数据连接值在图的下半部分给出了。第一部分的值引起机器人右转,第二部分的值让机器人停下。

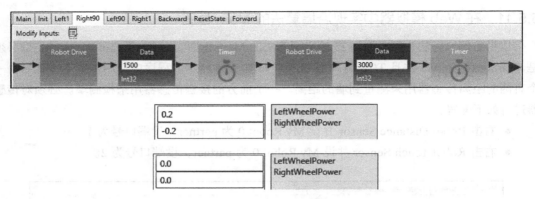

图 5-27 Right90 活动

3）你可以参照 Right90 的代码来实现 Left90，只需把驱动的功率值取反。

4）图 5-28 显示了 Backward 和 Forward 活动的实现。对于 Backward 活动，两个驱动的 drive power 都可以设成 –0.3。对于 Forward 活动，两个轮子的 drive power 都可以设成 0.5。

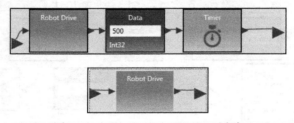

图 5-28 Backward 和 Forward 活动

5）图 5-29 显示了 ResetState 活动的代码。

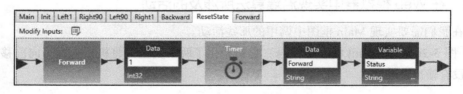

图 5-29 ResetState 活动

6）现在你可以在 Web 模拟器中运行沿墙算法了。按以下的步骤来测试程序。

a）启动 Web 模拟器。
b）运行 VIPLE 程序。
c）在 Web 模拟器中设定传感器值。
d）点击"Add/Update Sensors"。
e）点击"Connect to ASU VIPLE (WebScokets)"。

如果你使用 Key Press 事件来控制移动，你需要点击 VIPLE 的 Run 窗口然后使用按键来控制移动。

当你完成后，请通知你的实验指导老师并验收你的程序，然后换一个操作员进行下一个实验任务。

5.5.13 在 Web 模拟器中实现两距离局部最优算法的 Main 框图

两距离局部最优算法使用一个机器人前方的距离传感器，因此，它需要机器人转弯来测量左、右两侧的距离。

Main 框图和为 Unity 模拟器编写的程序代码相似，区别在于参数值。图 5-30 显示了 Main 框图的第一部分，图 5-31 显示了 Main 框图的第二部分。

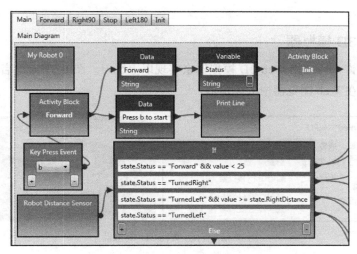

图 5-30　Main 框图的第一部分

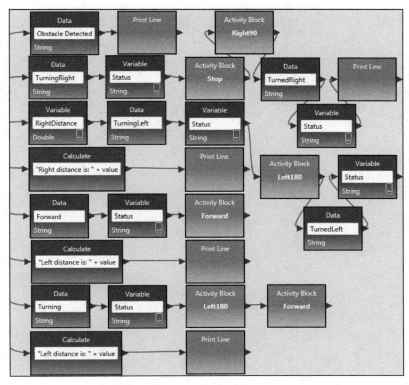

图 5-31　Main 框图的第二部分

5.5.14 在Web 2D模拟器中实现两距离局部最优算法所涉及的活动

你可以用编写沿墙程序相同的方式来编写活动的代码。对于Init活动，你没有baseDistance变量来初始化它。对于Left180活动，你可以从Left90开始并用更长时间来达到180度。右击Robot Distance Sensor把端口设为3，并在Web浏览器中进行配置。因为这个程序只用了一个传感器，所以把第二个传感器设为空。用和沿墙算法中同样的测试过程来测试代码。

5.5.15 Web 3D模拟器

如果时间允许，可以用Web 3D模拟器来实现以上练习。图5-32给出启动Web 3D模拟器的命令和运行在Web浏览器中的模拟器。

图5-32 启动Web 3D模拟器

第 6 章

机器人硬件组成

本章将介绍 VIPLE 支持的几种机器人的硬件构成，其中包括 Intel Galileo（伽利略）、Intel Edison（爱迪生）等的主控模块、传感器模块及电机模块等。授课教师可选择其中的一种用于本课程的教学实验中。

在本章的实践中，你将使用处理器板、传感器、执行器和机器人底座来组装一个机器人。你可以在处理器板上安装一个操作系统和 VIPLE 中间件。VIPLE 中间件会发送传感数据到 VIPLE 并接收来自 VIPLE 的命令来控制电机。建议把你的团队分成一个硬件组和一个软件组以便顺利完成本章的工作。

6.1　VIPLE 计算与通信模型

在之前的实验中已讨论过，ASU VIPLE 是一个既有通用功能函数，也有 IoT/机器人特有功能函数的编程环境。ASU VIPLE 实现了三个系列的服务：通用计算服务、通用机器人服务、供应商特定机器人服务。我们在之前的实验里用了模拟机器人的服务，在接下来的实验里会关注真实机器人的服务。

当使用 ASU VIPLE 作为一个 IoT/机器人环境时，它包括两个系统。VIPLE 在后端运行在一个普通的 PC 上，IoT 设备或者机器人则作为前端计算机和 VIPLE 程序通信，如图 6-1 所示。

图 6-1　VIPLE 环境由后置机和前置机 IoT/机器人组成

这两个系统可以通过下面的通信协议之一来通信：
- Wi-Fi：这是最常见且最好的连接方式。有两种连接模式使用 Wi-Fi：
  - 通过一个 Wi-Fi 路由器的组件模式。当后端 PC 和前端机器人都连接到同一个路由器时，两个系统就连接了。在这个模式下，机器人会连接到这个路由器并请求一个物理 IP 地址。
  - 临时模式下 PC 会直接连接到机器人。在这种连接模式下，前端机器人的 PC 会被认为是一个路由器，而后端的 PC 则直接连接到这个机器人。在此模式下，机器人计算机会得到一个虚拟 IP 地址。
- **蓝牙**：在此模式下，后端 PC 会认为机器人是一个蓝牙设备，并会使用计算机的添加蓝牙设备功能来连接到机器人。
- **USB**：因为机器人是一个移动设备，用 USB 来连接 PC 和机器人并不是完美的。但是当没有无线连接或者我们调试机器人时，USB 连接是一种可靠的通信方式。

当两个系统连接后，我们需要定义 VIPLE 和机器人之间数据交换的数据类型。

ASU VIPLE 支持一个对其他机器人平台的公开接口。任何遵循相同接口并能够解析来自 VIPLE 程序命令的机器人都可以使用 VIPLE。一个 VIPLE 程序用标准 JSON 和机器人通信。图 6-2 定义了机器人来自 VIPLE 程序的输入和机器人到 VIPLE 程序的输出。

VIPLE 环境把命令信息编码到这个对象上。机器人需要解析命令并执行定义的行为。另一方面，机器人把回馈编码或相同的 JSON 格式并发回给 VIPLE 程序。因此，VIPLE 程序会提取并使用这些信息来生成下一个动作。

为通信定义的标准的 JSON 对象包括 {name：data} 对，用来定义交换的数据，如图 6-2 所示。

- **机器人输出**：机器人会发送传感器数据给 VIPLE 程序。数据是一对 {"Sensors"：<values>}，<values> 是一个数据对的数组。这个数组项包括两对数据，它定义四份信息：<sensor name>, "id"：<id_number>, "value"：<value>。图中所示的 value 是例子。
- **机器人输入**：机器人会接收来自 VIPLE 程序的命令。接收数据是一对 {"Servos"：<values>}，<values> 是一个数据对的数组。这个数组项包括两对数据，它定义四份信息："servoId"：<id_number>, "servoSpeed"：<speed_value>。图中所示的 value 是例子。

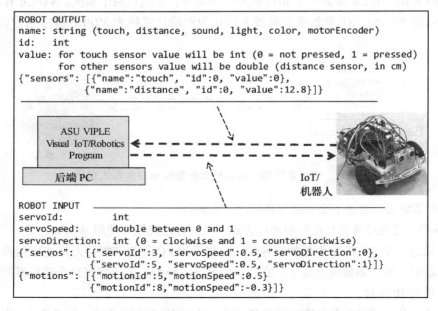

图 6-2　VIPLE 后置机与前置机之间的标准 JSON 通信定义

6.2 机器人硬件总体结构

机器人是一典型的、简单的闭环控制系统。如图 6-3 所示，机器人主要包括主控模块、执行部件和传感器模块，以及可选的驱动电路和调理电路。

具体到本书所述的机器人，主要包括主控板、扩展板、Wi-Fi 模块、超声波传感器、红外避障传感器、红外循迹传感器和舵机等关键部件，如图 6-4 所示。

图 6-3 机器人总体结构图

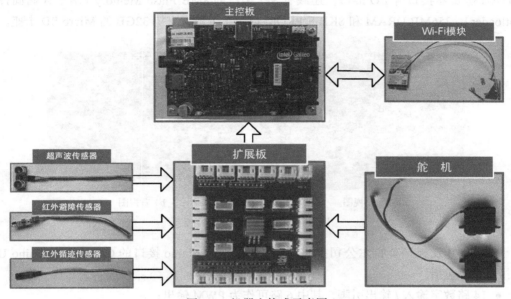

图 6-4 机器人构成示意图

主控板既可以采用诸如 Intel Galileo（伽利略）、Intel Edison（爱迪生）Board for Arduino、Arduino/Genuino 101 等 Arduino 兼容的 CPU 板，又可以采用 TI CC3200 LaunchPad 等通用 CPU 板，也可以采用自行设计的机器人专用 CPU 板。切记的一点是，板上一定要具有 Wi-Fi 或蓝牙通信功能。否则，需要通过标准总线外接无线通信模块。

扩展板主要用于传感器信号的接入和调理，以及电机的驱动和连接，本书所述机器人采用的传感器均为数字信号，可直接接至主控板。

机器人与装有 ASU VIPLE 开发环境的计算机既可以通过 Wi-Fi 或蓝牙进行无线通信，也可以通过 USB 进行有线通信，如图 6-5 所示。为了便于机器人运动，最好选择无线通信方式。

图 6-5 机器人与计算机连接示意图

6.3 主控板

机器人主控板种类繁多，如树莓派、PcDuino、Arduino CPU 板等。本书主要介绍几款

Intel 和 TI（Texas Instruments，德州仪器）适用于机器人控制的 CPU 板。

6.3.1　Intel Galileo 开发板

2013 年年底，Intel 推出了以新一代嵌入式微处理器 Quark（夸克）为核心的、Arduino Uno R3 兼容的 Galileo（伽利略）第一代 CPU 板，如图 6-6 所示。Galileo 开发板采用 Intel X1000 Quark SoC（System on Chip，片上系统），其内部含有一主频为 400MHz 的、32 位 Intel 奔腾处理器。Galileo 开发板上载有 1 个 10M/100M 自适应网络接口、1 个 PCIe 2.0 兼容的全长 mini PCIe 插槽、1 个 USB 2.0 Host 接口、1 个 USB 2.0 Client 接口和 1 个 10 引脚的 JTAG 仿真器接口等 I/O 接口，还载有 SPI 接口的 8MB Flash Memory（用于存储固件或 bootloader）、256MB DRAM 和 8KB E^2PROM 以及 1 个最大支持 32GB 的 Micro SD 卡座。

a）正视图　　　　　　　　　　　b）背视图

图 6-6　Intel Galileo 开发板

Galileo 开发板是英特尔公司推出的第一块兼容 Arduino 接口的 CPU 板，Arduino Uno R3 接口主要包括：

- 14 路数字输入 / 输出引脚，其中 6 路可作为 PWM 输出；
- 6 通道的模拟量输入（A0 ~ A5），采用 12 位 A/D 转换器 AD7298，输入范围为 0 ~ +5V；
- 1 路 I^2C 总线，在 Arduino 上也称作 TWI 通信，I^2C 总线一般有两根信号线：SDA（数据线）和 SCL（时钟线），分别与 A4 和 A5 引脚复用；
- 1 路 SPI 总线，默认是 4MHz，可编程至 25MHz。需要注意的是，Galileo 开发板上的 SPI 控制器只能作为主不能作为从。

在不到一年的时间内，英特尔公司又推出了改进的 Galileo 二代（Intel Galileo GEN2）开发板，如图 6-7 所示。第二代与第一代相比，不仅加大了板卡的尺寸，还在接口性能上改进了多处，主要体现在：

- 将 USB Host 接口的插座由 Micro USB 改为 A 型插座，以便于用户连接 USB 设备；
- 将 Debug 串行接口的插座由立体声耳机插座改为 2.54mm 排针插座，便于与 PC 连接；

图 6-7　Intel Galileo GEN2 开发板

- GPIO 不再通过 I/O 扩展芯片 CY8C9540A 引出，而是从 Quark 处理器直接引出，通过电平转换芯片接至 Arduino 插座，使得电平切换更为快速；
- PWM 的输出精度由 8 位（通过 I^2C 接口的 CY8C9540A 芯片实现）改为 12 位（通过 I^2C 接口的 PCA9685 芯片实现）；
- A/D 转换器由 12 位的 AD7298 更换为 10 位的 ADC108S102，虽然降低了采样精度，却提高了采样速率；
- 增加了以太网接口供电；
- 板卡的供电电源更为宽泛，由 +5V 改为 5V ~ 15V。

6.3.2 Intel Edison 模块

2014 年 1 月，Intel 公司在国际消费类电子产品展览会上推出了"即插即用"的第一版 Edison（爱迪生）模块。第一版 Edison 模块只有 SD 卡大小，它是 Intel 针对智能硬件、可穿戴设备和物联网市场推出的一款微型计算平台。第一版 Edison 模块采用 Quark 双核 SoC，在低功耗模式下最大功耗只有 250mW。内嵌有 Wi-Fi、BLE 和存储器等，预装 Yacto Linux 操作系统，支持 Arduino IDE 编程环境。第一版 Edison 模块并没有推向市场，只是在少数合作伙伴中试用、征求意见。2014 年年底，Intel 又推出了第二版的 Edison 模块（下文第二版 Edison 模块简称 Edison 模块），第二版与第一版相比有较大变化，首先，模块大小有所加大，如图 6-8 所示。其次，在性能上有了极大提升，主要表现在用 Atom 处理器替换了 Quark 处理器。

图 6-8 第二版 Edison 模块与 SD 卡大小对比图

Edison 模块主要硬件配置：
- CPU（SoC）：1 个 32 位双核、双线程 500MHz 主频的 Atom 处理器，1 个 32 位 100MHz 主频的 Quark 微控制器；
- 内存：1GB LPDDR3 POP memory；
- Flash Memory：4GB eMMC；
- I/O：40 个 GPIO，除用作普通的 I/O 端口外，还可配置成特殊用途，主要包括 1 个 SD 卡接口、两个 UART（1 个全功能，1 个只有 Rx/Tx）、两条 I^2C 总线、1 条 SPI 总线（有两个片选信号）、1 条 I^2S 总线、4 个 PWM 输出（8 位占空比控制，最高输出频率可达 19.2MHz）；
- USB：1 个 OTG 2.0 接口；
- Wi-Fi/蓝牙：采用博通 BCM43340 芯片，支持 802.11a/b/g/n、双频带（2.4GHz 和 5GHz），内置天线或外接天线，支持 Bluetooth 4.0；
- 电源输入范围：3.3V ~ 4.5V。

体积小、功耗低的 Edison 模块对外引出的接口是一间距只有 0.4mm 的 70 引脚的微型双排插座，给用户使用应用带来了不便。为此，Intel 推出了两款扩展板：Intel Edison Breakout Board 和 Intel Edison Board for Arduino。

Intel Edison Breakout Board 是一接口简单的扩展板，板上仅提供了供电电源接口和 2 组 USB 接口，如图 6-9 所示。

图 6-9　装配有 Edison 模块的 Breakout Board

Intel Edison Board for Arduino 提供了丰富的接口，如图 6-10 所示。该扩展板与 Arduino Uno 兼容，但只有 4 路 PWM 输出而不是 6 路。

图 6-10　装配有 Edison 模块的 Intel Edison Board for Arduino

6.3.3　Arduino/Genuino 101

2015 年 8 月，英特尔 CEO 科再奇在 IDF 15 开幕式上公布了 Curie（居里）的最新进展，这款仅有纽扣大小的 SoC 将主要面向可穿戴设备，如图 6-11 所示。

Intel Curie 模块主要包括：低功耗的 32 位、32MHz 主频 Quark SE 微控制器，384KB Flash 存储器，80KB SRAM，具备低功耗、集成 DSP 传感器子系统（基于 ARC EM4）和模式匹配技术，以及低功耗蓝牙，自带加速度计／陀螺仪的 6 轴组合传感器，电池充电电路（PMIC）等。

图 6-11　Intel Curie 模块

Arduino/genuine 101 是基于 Intel Curie 模块设计的一款与 Arduino 兼容的板卡，如图 6-12 所示。该板上具有 14 路数字 I/O（其中 4 路可用作 PWM 输出，6 路模拟量输入），

196KB Flash 存储器，24KB SRAM，低功耗蓝牙和 6 轴加速度计 / 陀螺仪。

6.3.4　TI CC3200 LaunchPad

CC3200 是 TI 公司针对物联网（IoT）应用推出的一款无线 SoC，它是业界第一款具有内置 Wi-Fi 功能的 SoC。CC3200 是一个完整平台解决方案，内部集成了两个独立的 ARM MCU 子系统：1 个高性能 ARM Cortex-M4 应用 MCU 子系统和 1 个 Wi-Fi 网络处理器子系统。

应用 MCU 子系统包含一个运行频率为 80MHz 的标准 ARM Cortex-M4 内核，还包含多种外设接口，其中包括一个快速并行摄像头接口、I^2S、SD/MMC、UART、SPI、I^2C 和四通道模数转换器（ADC）。此外，还包括用于代码和数据的嵌入式 RAM，以及具有外部串行闪存引导加载程序和外设驱动程序的 ROM。

Wi-Fi 网络处理器子系统可完全免除应用 MCU 的处理负担，其包含 802.11b/g/n 射频、基带和具有强大加密引擎的 MAC，以实现 256 位加密的快速、安全互联网连接。其支持基站、访问点和 Wi-Fi 直接模式。此外，还支持 WPA2 个人和企业安全性以及 WPS2.0。Wi-Fi 片上互联网包括嵌入式 TCP/IP 和 TLS/SSL 堆栈、HTTP 服务器以及多个互联网协议。

TI CC3200 LaunchPad 是 TI 公司官方推出的 CC3200 评估套件，如图 6-13 所示。CC3200 LaunchPad 集成有仿真器，无须额外的设备开发人员即可体验单芯片 Wi-Fi 解决方案，其内部结构功能框图如图 6-14 所示。CC3200 LaunchPad 具有以下主要功能特性。

- 集成有 MCU 40-pin LaunchPad 标准扩展插座，可充分利用 TI BoosterPack 生态环境；
- 集成有基于 FTDI 公司 FT222D 的 JTAG 仿真器，支持串行 Flash Memory 编程；
- 支持 4 线制的 JTAG 和 2 线制的 SWD；
- 可供用户使用的两个按键和 3 个 LED 指示灯；
- 板载 UART 转 USB 虚拟串口，可连接至 PC；
- Micro USB 接口可用于供电和调试；
- 板载 U.FL 认证的半导体天线；
- 优化后的天线设计使得传输距离更远（室外空旷环境下最远可达到 200 米）；
- 板载 I^2C 总线接口的加速度和温度传感器；
- 低至 2.3V 的电池供电，可使用两节 5 号电池或两节 7 号电池供电。

图 6-12　Arduino/Genuino 101

图 6-13　TI CC3200 LaunchPad

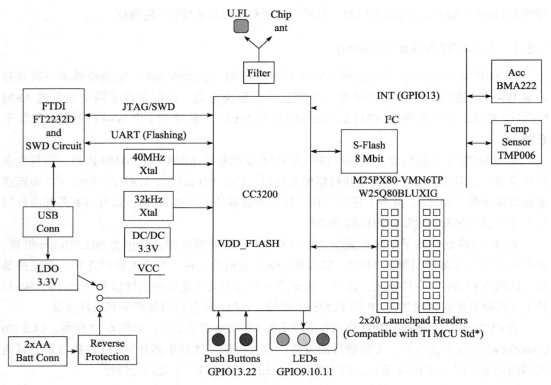

图 6-14　TI CC3200 LaunchPad 内部功能框图

6.3.5　专用机器人主控模块

由北京工业大学（BJUT）自行设计的专用机器人主控模块既可以采用 Edison 模块（如图 6-15 所示），也可以采用 CC3200 Wi-Fi 核心模块（如图 6-16 所示）。该模块最多可驱动 4 路舵机，10 路数字传感器信号。

图 6-15　装配有 Edison 模块的 BJUT 机器人主控模块

图 6-16　装配有 CC3200 Wi-Fi 核心模块的 BJUT 机器人主控模块

6.4　传感器模块

机器人安装上传感器后可以感知周边的环境，如超声波传感器就如同人的眼睛，可以感知障碍物的距离，可以让机器人避开障碍。本书将主要介绍超声波传感器、红外避障传感器和红外循迹传感器等机器人常用的几个传感器。

6.4.1 超声波传感器

超声波传感器可以测量机器人与障碍物之间的距离，本书采用的超声波传感器是捷深科技有限公司生产的 HC-SR04 超声波测距模块，如图 6-17 所示。该模块可提供 2cm ～ 400cm 的非接触式距离感测功能，测距精度可达高到 3mm；模块包括超声波发射器、接收器和控制电路。HC-SR04 超声波测距模块的供电电压为 +5V。

图 6-17　HC-SR04 超声波测距模块

如图 6-18 所示，主控板在触发控制信号端 Trig 提供一个 10μs 以上宽度的脉冲触发信号，该模块内部将发出 8 个 40kHz 周期频率的脉冲并检测回波。一旦检测到回波则输出回响信号，回响信号的脉冲宽度与所测的距离成正比。通过发射信号到收到回响信号的时间间隔可以计算出距离。

$$距离 = \frac{回响信号高电平时间 \times 声速}{2} \tag{6.1}$$

其中，声速 = 340m/s

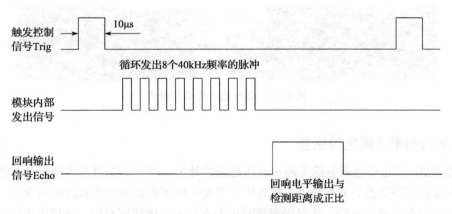

图 6-18　HC-SR04 超声波测距模块时序图

6.4.2 红外传感器

红外传感器与超声波传感器的工作原理类似，只是用红外光波代替了声波。红外传感器具有一对红外线发射与接收管，发射管发射出一定频率的红外线，当检测方向遇到障碍物（反射面）时，红外线反射回来被接收管接收。

红外传感器采用主动红外线反射探测，目标的反射率和形状是探测距离的关键。其中黑色探测距离最小，白色探测距离最大；小面积物体距离小，大面积物体距离大。

红外发射管的安装位置（发射方向）不同，决定了红外传感器在机器人中所起的作用。当发射方向向前时，主要用来避障；当发射方向向下时，主要用来循迹（寻黑线或白线）。

如图 6-19 所示，红外避障传感器采用 3V ～ 5V 直流电源供电。当电源接通时，红色电源指示灯点亮。当模块检测到前方障碍物信号时，电路板上绿色指示灯点亮电平，同时 OUT 端口持续输出低电平信号。该模块的检测距离为 2cm ～ 30cm，检测角度 35°。检测距离可以通过电位器进行调节，顺时针调电位器，检测距离增加；逆时针调电位器，检测距离减少。

红外避障传感器在迷宫行走游戏中，主要用来配合超声波传感器探测侧边或前方隔板的位置。

图 6-19　红外避障传感器模块

如图 6-20 所示，红外循迹传感器主要用来指示机器人行走路线，其探测距离比红外避障传感器要小，灵敏度要高。红外循迹传感器采用 3V ～ 5V 直流电源供电。当电源接通时，红色电源指示灯点亮。模块在无遮挡（黑线）或者遮挡距离大于设定阈值时，D0 口输出高电平，开关指示灯熄灭；当模块受遮挡（白线）距离小于设定阈值时，模块 D0 输出低电平，开关指示灯点亮。该模块的检测距离为 0 ～ 3cm，通过调节电位器，可以改变检测距离。

该模块的模拟量输出口 A0，输出 0 ～ 5V 的模拟电压。通过 A/D 转换器，可以精确获得模块与遮挡物之间的距离。

图 6-20　红外循迹传感器模块

6.4.3　光传感器 / 颜色传感器

光传感器 / 颜色传感器是除了超声波传感器之外另一个可以给机器人视觉的传感器。与超声波传感器不同的是，光传感器 / 颜色传感器发射出光来区分光亮和黑暗或颜色。它能读出物体在它光束下的光强度，这对于测量有色表面的光强度特别有用。在程序里使用光传感器，需要根据传感器要测量表面的颜色和光强度来校正程序。

在使用光传感器时还须注意：应对机器人所在的环境有充分的认识，不是所有表面都用同一种材料制造，有一些粗糙的表面会使光传感器无法精确测量数据。此外，带有反光表面的物体会造成光传感器的错误读数。同样地，能吸收光的表面也有这个问题。

我们可以使用光传感器 / 颜色传感器来实现寻迹编程或相扑机器人的编程。以下是使用光传感器/颜色传感器的相扑算法。

相扑算法 1：使用光传感器的基本相扑算法，把光传感器安装到面朝地面

1）机器人向前移动；

2）如果光传感器检测到颜色变化（甚至机器人驶入边圈），机器人停止；

3）机器人向后移动一段距离；

4）转过随机的一个角度；

5）回到第一步。

这个算法是随机的并且期望偶然地把对手推出边圈。通过给机器人添加更多的传感器，你的相扑机器人更有把握赢得比赛。下面的算法假设一个接触传感器已经安装在了机器人的后保险杠上以检测从后方发起的进攻。

相扑算法 2：使用光传感器和接触传感器的相扑算法

1）机器人向前移动；

2）如果接触传感器被按下，机器人就向后移动，尝试反推对手。你也可以考虑转 180 度来用机器人前部的执行器攻击对手；

3）如果接触传感器被释放了，机器人停止并回到第一步。你的机器人在后部有一个光传感器，向后移动很容易移出圈；

4）如果光传感器检测到颜色变化，机器人停止移动；

5）机器人向后移动一段距离；

6）机器人转过一个随机的角度；

7）回到第一步。

这个算法会防止机器人被从后方推出边圈。此外，一个超声波传感器可以加到机器人的左侧（或右侧）来检测对手并主动攻击对手。

相扑算法 3：使用光传感器、接触传感器和超声波传感器的相扑算法

1）机器人向前移动；

2）如果超声波传感器的读数距离小于 200mm，向左转过 90 度（或者向右，如果传感器安装在右侧），然后回到第一步，尝试攻击对手；

3）如果接触传感器被按下，机器人就向后移动，尝试反推对手。你也可以考虑转 180 度来用机器人前部的执行器攻击对手；

4）如果接触传感器被释放了，机器人停止并回到第一步。你的机器人在后部有一个光传感器，向后移动很容易出圈；

5）如果光传感器检测到颜色变化，机器人停止移动；

6）机器人向后移动一段距离；

7）机器人转过一个随机的角度；

8）回到第一步。

6.5 舵机

机器人的运动是通过电机的转动来控制的，机器人所使用的电机主要有直流电机和步进电机两大类。步进电机控制方式简单、体积大、成本高,直流电机控制方式较为复杂、体积小、成本低。为了简化控制方式,在简易机器人中大多采用直流舵机(简称舵机)。

舵机是由直流电机、减速齿轮组、传感器和控制电路组成的一套自动控制系统,如图6-21所示。通过发送控制信号,控制输出轴旋转角度。一般而言,舵机都有最大旋转角度(比如180度)。舵机与普通直流电机的主要区别在:直流电机是连续转动的,舵机只能在一定角度内转动,不能连续旋转。普通直流电机无法反馈转动的角度信息,而舵机可以。

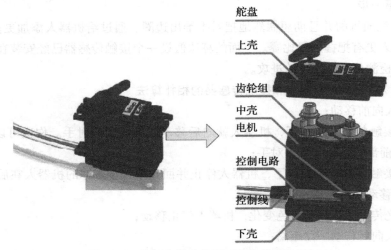

图 6-21　舵机内部结构图(引自奥松论坛)

普通直流电机的控制,需要施加连续的模拟电压。因此,主控板上需有 D/A 转换器模块,驱动大功率直流电机还需放大功率。由于舵机中加入了控制电路,简化了直流电机的控制方式,因此只需要主控板提供 PWM 信号即可。

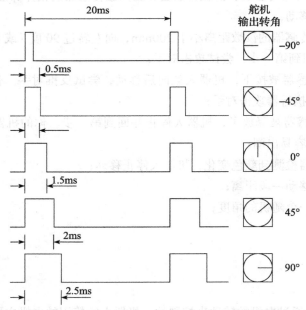

图 6-22　180 度舵机 PWM 输入与输出转角的关系示意图

常用的舵机主要有 180 度舵机和 360 度连续旋转舵机。

180 度舵机的控制信号是一频率为 50Hz 的 PWM 信号，其正脉冲宽度从 0.5ms 到 2.5ms，相对应舵盘的位置为 –90° ~ +90°，呈线性变化，如图 6-22 所示。即给它提供一定宽度的正脉冲，它的输出轴就会保持在一个相对应的角度上，无论外界转矩怎样改变，直到给它提供一个另外宽度的脉冲信号，它才会改变输出角度到新的对应的位置上。舵机内部有一个基准电路，产生周期 20ms，宽度 1.5ms 的基准信号。将输入的 PWM 信号与基准信号接至内部比较器中，判断出方向和大小，从而产生电机的转动信号。由此可见，舵机是一种位置伺服的驱动器，转动范围不能超过 180 度，适用于那些需要角度不断变化并可以保持的驱动，比如机器人的关节等。

360 度连续旋转舵机就是一个普通的直流电机和一块电机驱动板的组合，它只能连续旋转，不能定位。其控制信号也是一频率为 50Hz 的 PWM 信号，正脉冲宽度从 0.5ms 到 2.5ms，但控制的是旋转的速度而不是角度。对比图 6-22，当 PWM 的正脉冲宽度在 0.5ms ~ 1.5ms 区间时，逆时针旋转，值越小旋转速度越大；当 PWM 的正脉冲宽度在 1.5ms ~ 2.5ms 区间时，顺时针旋转，值越大旋转的速度越大；当 PWM 的正脉冲宽度 =1.5ms 时停止旋转（每一个舵机的中位可能会不一样，有些舵机可能在 1.52ms 时才会停下来，需要实际测试出舵机的中位）。

本书采用奥松机器人科技股份有限公司生产的 RB-65CS 360 度连续旋转机器人专用舵机，如图 6-23 所示。该舵机的工作电压为 4.8V ~ 6V，空载转速为 90 转 / 分，4.8V 时扭力为 6kg/cm，速度为 0.14s/60°，6V 时扭力为 6.5kg/cm，速度为 0.11s/60°。三根连线中，红色为电源线，棕色为地线，橙色为 PWM 输入信号线。

图 6-23　RB-65CS 360 度连续旋转舵机

练习：在学习了前面的知识后，你需要完成下面的练习。只有完全答对这些题目，你才可以开始后面的实践环节。

1. 机器人与装有 ASU VIPLE 开发环境的计算机可以采用的通信方式有哪几种？

　　A. Wi-Fi　　　　　　　　　　　　B. 蓝牙

　　C. USB　　　　　　　　　　　　　D. PCIe

2. Intel Galileo GEN2 开发板采用的微处理器（微控制器）是哪类？

　　A. Quark　　　　　　　　　　　　B. Quark SE

　　C. Atom　　　　　　　　　　　　 D. ARM Cortex M4

3. 第二版 Intel Edison 模块采用的微处理器（微控制器）是哪类？

　　A. Quark　　　　　　　　　　　　B. Quark SE

C. Atom　　　　　　　　　　　　　D. ARM Cortex M4
4. Intel Curie 开发板采用的微处理器（微控制器）是哪类？
　　A. Quark　　　　　　　　　　　　　B. Quark SE
　　C. Atom　　　　　　　　　　　　　D. ARM Cortex M4
5. TI CC3200 内部的应用 MCU 子系统采用的微处理器（微控制器）是哪类？
　　A. Quark　　　　　　　　　　　　　B. Quark SE
　　C. Atom　　　　　　　　　　　　　D. ARM Cortex M4
6. Intel Galileo GEN2 可以提供几路 PWM 输出？
　　A. 2　　　　　　　　　　　　　　　B. 4
　　C. 6　　　　　　　　　　　　　　　D. 8
7. Intel Edison Board for Arduino 可以提供几路 PWM 输出？
　　A. 2　　　　　　　　　　　　　　　B. 4
　　C. 6　　　　　　　　　　　　　　　D. 8
8. Arduino/Genuino 101 可以提供几路 PWM 输出？
　　A. 2　　　　　　　　　　　　　　　B. 4
　　C. 6　　　　　　　　　　　　　　　D. 8
9. CC3200 LaunchPad 采用的是哪种接口的温度传感器？
　　A. I^{2}C　　　　　　　　　　　　　B. I^{2}S
　　C. SPI　　　　　　　　　　　　　　D. USB
10. HC-SR04 超声波测距模块的测距精度是多少？
　　　A. 3mm　　　　　　　　　　　　　B. 30mm
　　　C. 4mm　　　　　　　　　　　　　D. 40mm
11. HC-SR04 超声波传感器在测距时，须在 Trig 端提供一个宽度为多少的脉冲触发信号？
　　　A. 10μs　　　　　　　　　　　　　B. 20μs
　　　C. 30μs　　　　　　　　　　　　　D. 40μs
12. 当红外传感器用来循迹时，红外发射管的发射方向应朝向哪个方向？
　　　A. 上　　　　　　　　　　　　　　B. 下
　　　C. 左　　　　　　　　　　　　　　D. 右
13. 舵机的控制信号是多大频率的 PWM 信号？
　　　A. 40Hz　　　　　　　　　　　　　B. 50Hz
　　　C. 60Hz　　　　　　　　　　　　　D. 80Hz
14. 正常情况下，360 度连续旋转舵机的 PWM 控制信号正脉冲宽度是多少时停止旋转？
　　　A. 1ms　　　　　　　　　　　　　B. 1.5ms
　　　C. 2ms　　　　　　　　　　　　　D. 2.5ms

6.6　组装伽利略机器人

　　在组装机器人之前，首先需要了解所需的材料，如图 6-24 所示。

机器人硬件组成　　　　　　　　　　　　　　　　　　　　　　　　　　　91

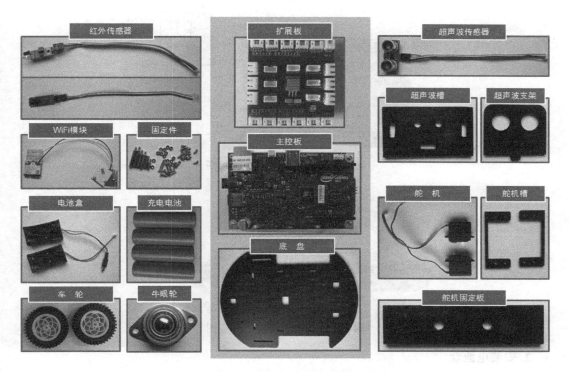

图 6-24　安装机器人所需的材料

下面开始组装基于 Intel Galileo Gen2 开发板的 IoT 机器人。

1. 安装舵机

舵机的安装方法如图 6-25 所示。图 6-26 和图 6-27 分别为安装舵机后的底视图和侧视图。

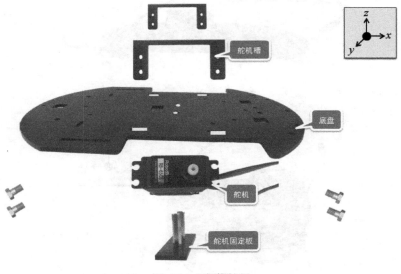

图 6-25　安装舵机

图 6-26 安装舵机后的底视图

图 6-27 安装舵机后的侧视图

2. 安装电池盒

为了避免干扰,机器人的电机部分和板卡采用双路供电。因此需要安装两个电池盒,如图 6-28 所示。图 6-29 为安装电池盒后的底视图。

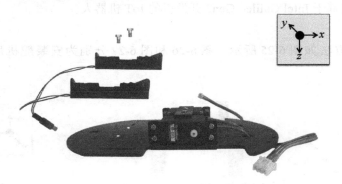

图 6-28 安装电池盒

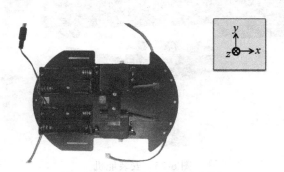

图 6-29 安装电池盒的底视图

机器人硬件组成

3. 安装牛眼轮

牛眼轮的安装方法如图 6-30 所示。

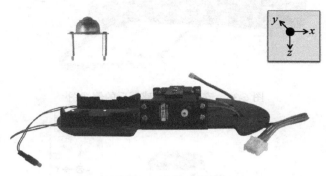

图 6-30　安装牛眼轮

4. 安装红外传感器

红外传感器的安装方法如图 6-31 所示。图 6-32 和图 6-33 分别为安装红外传感器后的底视图和侧视图。

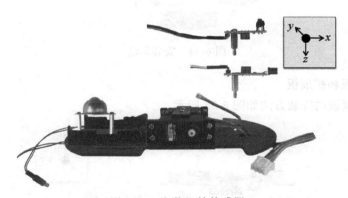

图 6-31　安装红外传感器

图 6-32　安装红外传感器后的底视图

5. 安装车轮

车轮的安装方法如图 6-34 所示。

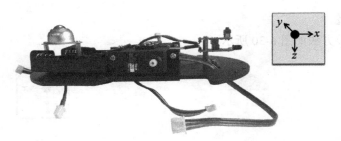

图 6-33　安装红外传感器后的侧视图

图 6-34　安装车轮

6. 安装主控板和扩展板

主控板和扩展板的安装方法如图 6-35 所示。

图 6-35　安装主控板和扩展板

7. 安装超声波传感器

超声波传感器的安装方法如图 6-36 所示。

8. 连线

按图 6-37 所示连接各部件，不必在意 3 个传感器的插座位置，这些可在软件中设定。

安装完毕后各方向视图（依次为顶、左、前、右、后、底）如图 6-38 至图 6-43 所示。

机器人硬件组成

图 6-36　安装超声波传感器

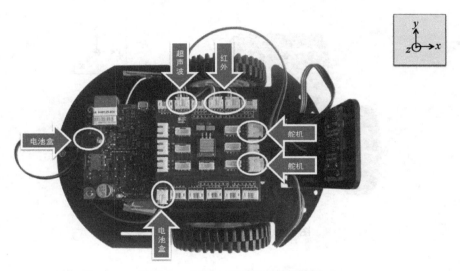

图 6-37　机器人各部件连线示意图

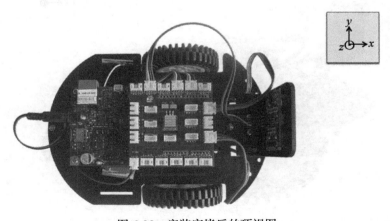

图 6-38　安装完毕后的顶视图

图 6-39　安装完毕后的左视图

图 6-40　安装完毕后的前视图

图 6-41　安装完毕后的右视图

机器人硬件组成

图 6-42　安装完毕后的后视图

图 6-43　安装完毕后的底视图

6.7　爱迪生机器人硬件和软件的安装

对使用爱迪生（Edison）机器人的课程，我们提供完整的硬件和软件的安装指南。

6.7.1　爱迪生机器人的硬件安装

按照下面的指示进行安装。

1）将爱迪生模块插入扩展板，如下图所示。

注意：你能感觉到电路板固定到位。之后，轻轻地拧紧螺丝来固定它。

2）安装固定扩展板的尼龙支柱，如下图所示。

注意：不要过于拧紧螺丝，只需轻轻地拧紧到位。

3）安装扩展板，如下图所示。

4）安装机器人主体，如下图所示。

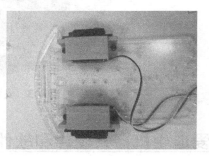

注意：你还需要校正伺服电机，你可能需要从其安装底座上拆下电机。所以，此时不要把舵机固定住。

5）安装脚轮，如下图所示对准并固定脚轮。

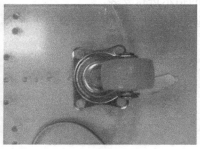

6）将传感器安装到 Edison 扩展板上，如下图所示。注意：对于所有传感器、伺服电机

和其他电子设备而言,将红线(电源)连接到面包板的电源侧,将黑线(接地)连接到面包板的地线。

把液晶显示屏插入 I2C 端口,如下图所示。

将开关信号插入数字引脚 7。回波引脚插入数字引脚 5,触发引脚插入数字引脚 6。

准备两条孔型跳线和六条针型跳线,使用针型跳线延长伺服器的接线长度,如下图所示。

7)安装液晶显示屏和超声波传感器,如下图所示。

8）安装接触传感器，把接触传感器安装在底座的前部，如下图所示。

下图是一个带步骤标号的面包板连线图。

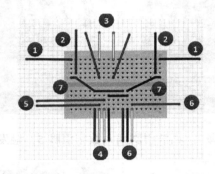

①从 Edison 连接电源线到面包板，红线应连到 Edison 板的 5V 输出。
黑线应连到 Edison 板的 GND 输出。
②连接红黑两个输出到面包板的电机上。
③连接 Edison 板的数字引脚 5 和引脚 6 到面包板。从电机连接白输出到面包板的同一排上。

注意：引脚 5 是给左电机的，引脚 6 是给右电机的。在给电机编程时，我们需要分别设置电机端口号为 5 和 6。

④将超声传感器的 4 个输出连接到面包板的底部。
⑤将数字引脚 12 和引脚 13 连接到超声传感器白输出的同一列。

注意：引脚 12 是回波（ECHO）输出，引脚 13 是触发（TRIG）输出。

⑥将接触传感器连接到面包板上。NO 输出接地，将数字引脚 2 连接到 NC 输入的同一列。将 COM 输出连接到电源上（来自 Edison 的红输入）。
⑦将红黑两线从面包板上半部分连接到下半部分，共用电源和接地。

硬件安装后的效果如下图所示。

6.7.2 爱迪生机器人的软件安装

1. 安装 PuTTY 到后端 PC

为了给 Edison 安装软件,我们需要访问 Edison,也需要访问 Edison 来配置和启动软件。但是,Edison 没有键盘或者显示屏。我们不能像使用一个普通计算机一样使用 Edison。我们需要先用 USB 连接 Edison 到一台普通 PC 机上。在我们安装 OS 和配置 Wi-Fi 之后,我们可以用 USB 或者 Wi-Fi 来连接 Edison 板。然后可以用一个远程客户端软件,比如 SSH 或者 PuTTY,连接到 Edison 板。在实验中我们会使用 PuTTY,从链接 http://www.chiark.greenend.org.uk/~sgtatham/putty/download.html 可以下载 PuTTY。

你可以按照下面的步骤来配置并启动 Edison 上的程序。

1)用两个 micro USB 线连接你的 Edison 板到后端计算机上。一根线来提供 Edison 的电源,一根来提供数据连接。你在 Edison 板上配置好 Wi-Fi 后,就可以使用 USB 或者 Wi-Fi 来进行数据通信。USB 端口旁边的开关必须要开到 micro USB 这边。

2)打开 PC 的设备管理器找到 Edison 板使用的 COM 端口,如下图所示。

3)打开 PuTTY 来连接 Edison 板。

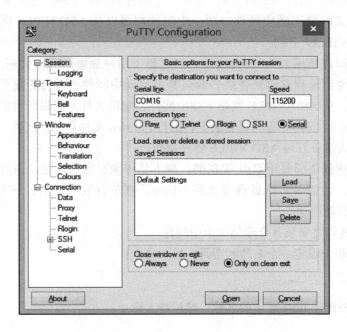

PuTTY 会打开一个 Linux 命令窗口供你使用,你可以在 Edison 板上用 Linux 命令来配置和运行程序。下表是使用 Linux 时的常用命令。

ls	列出目录内容
cd ..	退到上一级目录
cd <foldername>	进入一个文件夹/目录中
Pwd	打印工作目录（当前所在的目录）
mkdir <newdirectoryname>	在当前目录中新建一个目录
rmdir <directoryname>	删除当前目录中一个非空的目录
mv <directory1/file1> <directory2/file2>	将文件 file1 从目录 directory1 中移到目录 directory2 中，并改名为 file2
./<binname>	运行名为 binname 的可执行文件，例如：./run.sh

现在我们可以开始给 Edison 板安装软件了。

2. 安装 VIPLE 中间件到机器人主控板上

为了让机器人主控板创建 JSON 对象并发送给 VIPLE 程序，同时解析来自 VIPLE 程序的 JSON 对象，机器人主控板需要装有相应的软件。作为 ASU VIPLE 环境的一部分，已经开发出来了让机器人执行所有功能的中间件。

1）在 Intel Edison 板上安装系统软件。

为了在机器人上运行 ASU VIPLE 中间件，我们需要安装 Linux 操作系统和设备驱动。对于 Intel Edison IoT 板，我们参照 Intel 的软件和安装指南：https://software.intel.com/en-us/articles/flash-tool-lite-user-manual。

2）安装 ASU VIPLE 中间件。

中间件是依赖硬件的。ASU 已经实现了两个软件供用户下载，它们都是开源的，用户可以下载并自定义软件来适应硬件。两个中间件都可以从 ASU VIPLE 网站 http://neptune.fulton.ad.asu.edu/VIPLE/ 下载。

- 第一个中间件是用 JavaScript 实现的。它易于用户理解和修改代码。在安装软件后，用户需要使用远程桌面来登录 Edison 板并启动中间件，VIPLE 便可以连接到 Edison 机器人了。从 ASU VIPLE 网站下载中间件，解压文件并拷贝所有的文件夹和文件到运行 Linux 的 Edison 板的根目录下。运行 run.shw 文件启动中间件。它会启动中间件并使机器人准备好与 ASU VIPLE 程序协作。
- 第二个中间件主要是用 C++ 实现的，脚本是用来自动启动的。只有当我们需要安装中间件时，才需要再次远程登录到 Edison。在软件安装好后，一旦 Edison 板上电，中间件将自动启动。

在本节中，我们将安装并介绍第二个中间件。

配置 Edison 板来设定一个名称和密码，输入命令：

```
configure_edison --name
```

并按照提示来设定 Edison 板的名称，然后输入命令：

```
configure_edison --password
```

并按照提示来设定 Edison 板的密码。请用 1234 作为密码，以便其他学生也可以使用系统，而无须重新配置系统。

在启动时，名称会在登录前显示出来，比如"march2"。用 root 以及之前设的密码 1234 登录，如下图所示。

```
[  OK  ] Started Intel_XDK_Daemon.
         Starting PulseAudio Sound System...
[  OK  ] Started PulseAudio Sound System.

Poky (Yocto Project Reference Distro) 1.7.2 march2 ttyMFD2

march2 login: root
Password:
root@march2:~#
```

3）连接到 Wi-Fi 网络。

为 Edison 板配置 Wi-Fi。输入命令：

```
configure_edison --wifi
```

在扫描和列出可用的 Wi-Fi 网络后，输入选定的路由器的号码，比如"asu"网络 SSID，并在提示时输入"Y"，如下图所示。

```
1  :    Exit WiFi Setup
2  :    Manually input a hidden SSID
3  :    KiteNet
4  :    WAZTempe
5  :    asu
6  :    asu_guest
7  :    2TEMPE411
8  :    HandleBar Wifi
9  :    asu_encrypted
10 :    NETGEAR98
11 :    eduroam

Enter 0 to rescan for networks.
Enter 1 to exit.
Enter 2 to input a hidden network SSID.
Enter a number between 3 to 11 to choose one of the listed network SSIDs: 5
Is asu correct? [Y or N]: Y
Initiating connection to asu. Please wait...
Attempting to enable network access, please check 'wpa_cli status' after a minut
e to confirm.
Done. Please connect your laptop or PC to the same network as this device and go
 to http://10.143.14.10 or http://march2.local in your browser.
root@march2:~#
```

4）从网络自动安装 ASU 中间件。

在上一步中 Wi-Fi 已经连接，运行下面的命令：

```
curl -Ls https://goo.gl/gPTBWu | bash
```

这个命令会自动安装 ASU VIPLE 中间件。如果这个命令没有成功，你可以运行下面的命令：

```
curl -Ls https://goo.gl/gPTBWu
```

这个命令会打开这个脚本，你可以发现下载 ASU VIPLE 中间件的地址。你可以手动下载软件并把它复制到 Edison 的根目录下。

注意：如果你的硬件和 ASU 硬件不同，你需要下载中间件并修改它来适应你的硬件。

5）把 LCD 连接到 Edison 板上。一旦你的 VIPLE 中间件运行了，Edison 板的 IP 地址会显示在 LCD 屏上，你要将后端运行的 ASU VIPLE 连接到 Edison 板上。

如果 IP 地址没有显示到 LCD 屏上，断开连接并停 15 秒后再重新连接 Edison 电源。

3. 校准舵机

伺服电机有三根线。一根连接到电源，一根接地，还有一根是通过脉冲来控制移动的。脉冲是一个短周期内信号线上的高电压，通常在 1 000μs ~ 2 000μs。舵机可以移动的每个位置都有与之相关的唯一脉冲。当 Edison 向舵机发送脉冲时，电机部件中的控制电路会将轴转到与这个脉冲相对应的位置。比如，如果重复发送 1 500μs 的脉冲给舵机，舵机将把轴转到和 1 500μs 对应的位置。如果重复发送 1 800μs 的脉冲给舵机，舵机会将轴转到和 1 800μs 对应的位置。通常，当接收到 1 000μs 的脉冲时，舵机应该移动到 0°位置，并且当接收到 2 000μs 的脉冲时将其移动到 90°位置。然而，许多舵机支持并需要更宽的脉冲范围，并可将轴转到任何位置。在这种情况下，我们需要校准舵机的 0°位置。

在本节中，我们给出了校准连接到 Edison 机器人的舵机的说明。

1）打开 PuTTY 或者 SSH，连接到 Edison。

在看到'root@edison:#'提示（你已经登录了）后，立刻跳到步骤 2。

- 通过 Wi-Fi。

Edison 板必须连接到 Wi-Fi 上。启动 Edison 并在 LCD 上找到 IP 地址。将 IP 地址输入到 PuTTY，如下图所示。

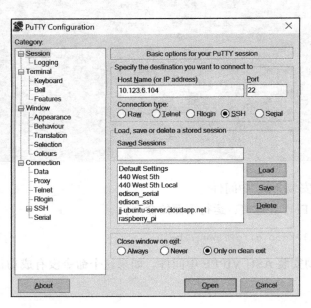

- 通过 USB 连接。

Edison 板必须通过 micro USB 连接到 PC，板上的开关须拨到 micro USB 端口上。

通过点击"开始"并输入"设备管理器"，打开设备管理器，如下图所示。

向下滚动至 to "Ports (COM & LPT)" 并记下在 "USB Serial Port (COM#)" 下的 COM 号。在这个例子中是 COM11，如下图所示。

打开之前下载的 PuTTY.exe 程序。

如下图所示，在屏幕右上方点击"Serial"并在"Serial line"的文本区域输入"COM11"（或者是你在设备管理器里看到的 COM 号），在"Speed"文本区域输入"115200"。

点击"Open",当你看到全黑屏幕时,按回车两次,如下图所示。

输入"root"并按回车,如果你之前已经配置好 Edison,就用你配置的 root 和密码(1234)。

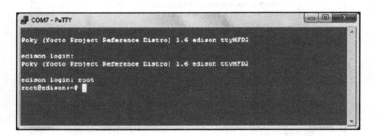

2)运行校正命令。

运行下面的命令,把 <pin-num> 替换成你想校准的舵机的引脚(比如,Edison 配置里的引脚 5 或引脚 6):

```
cd ~ /IOT_Education/; servo_example/calibrate_servo <pin-num>
```

每个舵机重复这步。

3)校准舵机

用螺丝刀转动舵机的调整螺丝,直到舵机停止转动,如下图所示。

机器人硬件组成　　　　　　　　　　　　　　　　　　　　　　　　　　　　　　　　107

在当前设置中传感器及电机的端口号（ID）：

超声波传感器：ID = 1

接触传感器：ID = 0

左舵机：ID = 5

右舵机：ID = 6

4. 测试你的软件和硬件

在 VIPLE 程序中，我们需要通过设备配置来辨识每个传感器和舵机（电机），这包括主机器人、每个传感器和每个电机。图 6-44 给出了测试连接到机器人的传感器的 VIPLE 代码，图 6-45 给出了测试连接到机器人的电机的 VIPLE 代码。

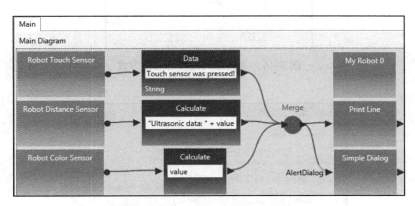

图 6-44　测试传感器的 VIPLE 代码

为了让主机器人、传感器和电机与 VIPLE 正常通信，我们需要配置主机器人及其设备之间的合作关系，IP 地址（物理地址或者虚拟地址）和端口。图 6-46 给出了机器人支持的三种通信方式：Wi-Fi、WebSocket Server 和 Bluetooth。对实体机器人，我们可以选用 Wi-Fi 或 Bluetooth（蓝牙）。这里，我们选用 Wi-Fi。

图 6-47 给出了三个设备的配置：主机器人、轮子（电机）和距离传感器。请注意，不同的机器人配置可能会有所不同。IP 地址是来自机器人的，一旦机器人启动，它会在机器人的 LED 屏上显示。如果使用虚拟地址，则不需要显示屏。

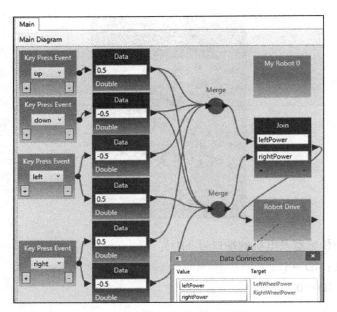

图 6-45　测试电机的 VIPLE 代码

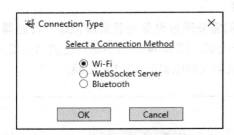

图 6-46　主机器人支持的通信方式

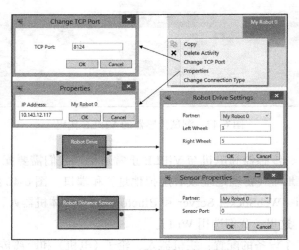

图 6-47　IoT 设备端口的配置

第 7 章

Intel 机器人编程

7.1 采用沿墙算法的迷宫导航

7.1.1 沿墙迷宫导航（Main 框图的第一部分）

现在我们开始编写更为复杂的程序，使得机器人可以根据迷宫的障碍而自主移动，当它不能直线移动时，它可以在需要时自调整。

图 7-1 给出了自调整沿右墙算法的有限状态机。它假设机器人有两个距离传感器，一个在前方一个在右侧。前方的距离传感器可以用接触传感器替换。

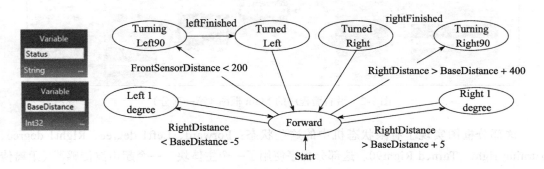

图 7-1 描述沿右墙算法的有限状态机

该有限状态机使用了两个变量：一个整型的变量 BaseDistance 来存储到墙的期望距离，初始值为 50mm 或者是距离传感器的初始测量值。一个 string 变量 Status 用来存放机器人的移动状态，它初始值为"Forward"。Status 变量可以是这些值之一："Forward""TurningLeft""TurnedLeft""TurningRight"和"TurnedRight"。我们不需要一个转动"Left 1 degree"或者"Right 1 degree"的 Status 值，因为这两个动作可以在瞬间完成，其他动作也不需要与这两个状态协调。执行过程可以用以下算法描述。

1）变量 BaseDistance = 400（或者初始测量的距离）。
2）机器人循环重复下面的步骤，直到接触传感器按下事件发生。
① Status = "Forward"；机器人向前移动。
② 机器人用定义的轮询频率在一定间隔保持右侧距离，并将新测得的距离和 BaseDistance 中存储的距离进行比较。
③ 如果测得的距离小于 BaseDistance – 5，左转一度，然后返回步骤 2。

④如果测得的距离大于 BaseDistance + 5，右转一度，然后返回步骤 2。

⑤如果测得的距离大于 BaseDistance + 200，Status = "TurningRight90"，开始右转 90 度；转好后 Status = "TurnedRight"，然后返回步骤 2。

3）按下接触传感器；机器人向后转半圈，Status = "TurningLeft90"，开始左转 90 度；转好后 Status = "TurnedLeft"，然后返回步骤 2。

按照该有限状态机，我们现在可以编写机器人自主导航过迷宫的代码。图 7-2 给出了实现有限状态机的 Main 框图的第一部分。

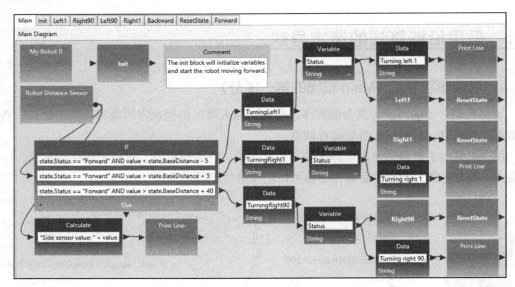

图 7-2　沿右墙程序的 Main 框图（第一部分）

这部分框图实现了有限状态机中的这些状态：Forward、Left1 degree、Right1 degree、Turning right、Turned Right90。这部分程序使用了一个主体块、一个超声波传感器（距离传感器）和一个 drive 服务。

7.1.2　沿墙迷宫导航（Main 框图的第二部分）

图 7-3 给出了 Main 框图的第二部分，在接触传感器撞到墙之后它实现了 Turning Left90 和 TurnedLeft 状态。当测得的距离小于 30 时，机器人会认为没有进一步向前移动的空间，因此左转 90 度。如果使用了接触传感器，测试条件将是 "value == 1"，而不是 "value < 30"。同时需要做一点改进，为机器人左转提供空间。

在随后的练习中，我们将完成实现组件的活动。

7.1.3　Init 活动

如图 7-4 所示，Init 活动会初始化两个变量并让机器人向前移动。这个活动没有输出。

7.1.4　Left1 和 Right1 活动

图 7-5 给出了 Left1 活动的实现。右击电机并选择数据连接。两个 drive 服务的数据连接

值在该图的下半部分给出。第一组数据使得机器人左转,第二组数据让机器人停下来。

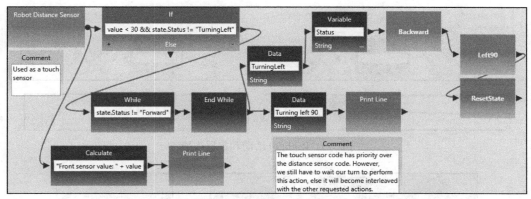

图 7-3　沿右墙程序的 Main 框图(第二部分)

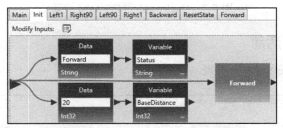

图 7-4　Init 活动

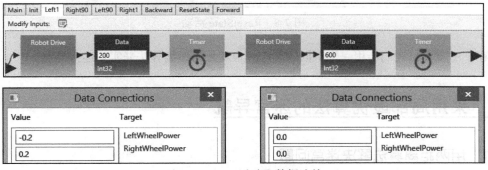

图 7-5　Left1 活动和数据连接

你可以按照 Left1 的代码来实现 Right1。

7.1.5　Right90 和 Left90 活动

图 7-6 给出了 Right90 活动的实现。右击电机并选择数据连接。两个 drive 服务的数据连接值在该图的下半部分给出。第一组数据使得机器人右转,第二组数据让机器人停下来。

你可以按照 Right90 的代码来实现 Left90。

7.1.6　Backward 和 Forward 活动

图 7-7 给出了 Backward 和 Forward 两个活动的实现。对于 Backward 活动,两个轮子的

drive 功率可以设成 –0.3。对于 Forward 活动，两个轮子的 drive 功率可以设成 0.3。

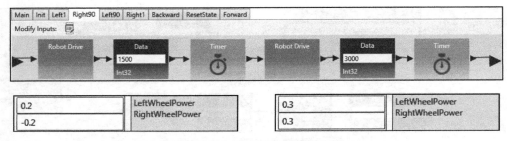

图 7-6　Right90 活动和数据连接

图 7-7　Backward 和 Forward 活动

7.1.7　ResetState 活动

图 7-8 给出了 ResetState 的实现。

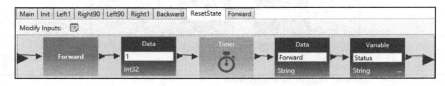

图 7-8　ResetState 活动

在下一节中，我们会用一个不同的算法，也就是两距离算法来实现迷宫导航。

7.2　采用局部最优算法的迷宫导航

7.2.1　用两距离算法解决迷宫问题

在本节中，我们将在基于 Edison 的机器人上使用 ASU VIPLE 来实现试探式（局部最优）算法。ASU VIPLE 是一个事件驱动的语言，因此最好用有限状态机来阐释一个算法，如图 7-9 所示。在该框图中，我们使用两个变量。变量"Status"有 6 种可能的 string 类型的值：Forward、TurningRight、TurnedRight、TurningLeft (Spin180)、TurnedLeft 和 Resume180。Int 类型的变量"RightDistance"用于在机器人右转之后存储它到障碍物的距离。

有限状态机实现了一个试探式算法，我们用下面的步骤详细描述它。

1）机器人开始时向前移动。

2）如果距离传感器测得的距离小于 400mm，机器人右转 90 度。

3）在事件"rightFinished"发生后，测得的距离会保存在 RigthDistance 变量中。

4）机器人向左旋转 180 度，测量到另一侧的距离。

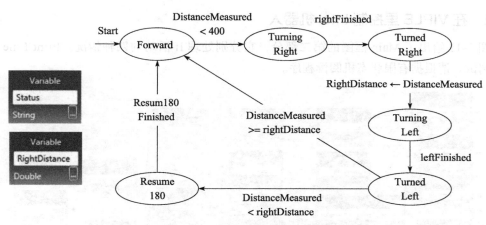

图 7-9 迷宫导航算法的静态框图

5）在事件"leftFinished"发生后，机器人会比较测得距离和 RightDistance 变量里保存的值。

6）如果当前距离较大，机器人会转移到"Forward"状态来向前移动。

7）否则，机器人恢复到另一个方向（旋转 180 度）。

8）然后，转移到"Forward"状态来向前移动。

这个算法是试探式的，因为它不能找到所有迷宫的出口。但是，通过使用一个距离传感器收集到的信息，它对大部分迷宫有很大机会找到出口。

图 7-10 显示了 Main 框图第一部分的 ASU VIPLE 代码。

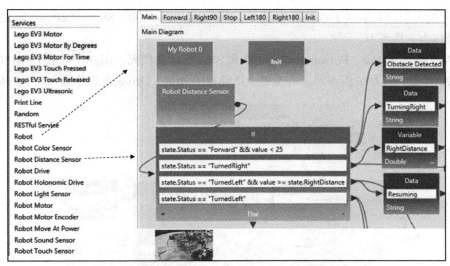

图 7-10 实现两距离算法的 Main 框图的第一部分

开始时机器人会向前移动。当机器人接近前方的墙壁时，它会测量到右侧的距离，并将距离保存到一个变量中。然后，机器人旋转 180 度来测量到另一侧的距离。机器人比较这两个距离并移动到有更多空间的方向。在这部分框图里，一个 If 活动用来比较当前状态和传感器的距离值，这会产生四种不同情况。

7.2.2 在 VIPLE 里控制 Intel 机器人

图 7-11 给出了 Main 框图的第二部分,它分别处理 If 活动的四种情况。Print Line 活动用于调试。请根据有限状态机阅读程序。

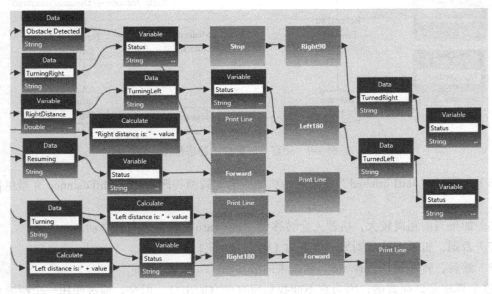

图 7-11 处理四种情况

7.2.3 在 VIPLE 程序里实现活动

Main 框图里一共实现了六种活动:Init、Forward、Right90、Stop、Left180 和 Right180。把每种当作为一次练习。

图 7-12 给出了 Init、Forward、Right90 和 Stop 活动的代码。Right180 和 Left180 的代码与 Right90 相似,只是数值不同。右击每个活动里的 Robot Drive 服务并输入以下的数值:

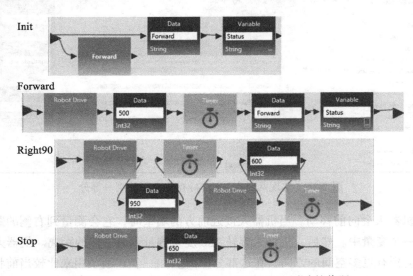

图 7-12 Init、Forward、Right90 和 Stop 活动的代码

- 在 Forward 中，把两个轮子的 Robot Drive 值都设成 0.4。
- 在 Right90 中，把左右两个轮子的 Robot Drive 第一个值分别设成 0.4 和 –0.4。把两个轮子的 Robot Drive 的第二个值都设成 0.0，确保机器人在进行下一个动作前先完全停止。
- 在 Right180 中，代码和 Right90 相同，但是第一个定时器的值设成 1900，而不是 950。
- 在 Left180 中，代码和 Right180 相同，但是左右两轮的 Robot Drive 第一个值分别设为 –0.4 和 0.4。
- 在 Stop 中，两个轮子的 Robot Drive 值都设成 0.0。

这些数值是参考数值。当你调试机器人时，需要调整这些数值来得到正确的时序和正确的转动角度。

机器人迷宫导航的视频和其他资源可以在 VIPLE 的网站 http://neptune.fulton.ad.asu.edu/VIPLE/ 找到。

7.2.4　使用一个简化的有限状态机

在前面的实现中，机器人会比较左右两个距离来做出决定。你可以在某些迷宫中简化决策过程，只使用一个距离。如果测得的距离大于某个值，机器人会移向当前的方向。否则，不再测量距离，旋转 180 度移向反方向。图 7-13 显示了简化的有限状态机。

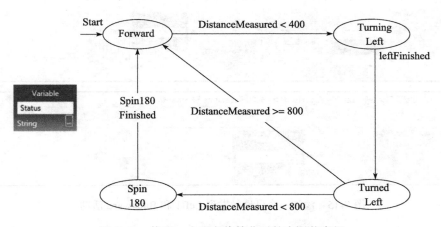

图 7-13　使用一个距离值简化后的有限状态机

7.3　使用事件驱动编程的迷宫导航

到目前为止，除了预定义的按键事件和机器人传感器事件，我们的算法主要使用顺序编程来实现。定义一组事件能提供更简洁的代码，并更好地支持并行处理。

此外，使用事件可以让我们更贴切地表述原有的有限状态机。一些有限状态机的转移实际上是事件，而不是用户输入。在本节中，我们会用事件驱动编程重新设计前述的沿墙程序。

7.3.1 使用事件驱动编程的 Left90 活动

从转动 Left90 活动开始，我们应在"leftFinished"事件触发后转到"Turned Left 90"和"Forward"。图 7-14 阐释了定义这个事件所需的改动。在 Left90 活动里，我们将绘制一条线到圆形输出端口，而不是三角形输出端口。这个圆形代表一个事件并声明了在左转 90 度完成后我们要触发一个事件。在 Left90 活动后，这个活动块不会输出一个数值到顺序连接的一个活动里。

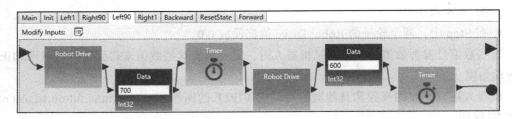

图 7-14　添加一个事件触发到 Left90 活动

7.3.2 使用事件驱动编程的 Left1 和 Backward 活动

图 7-15 给出了重新设计后的 Left1 和 Backward 活动。

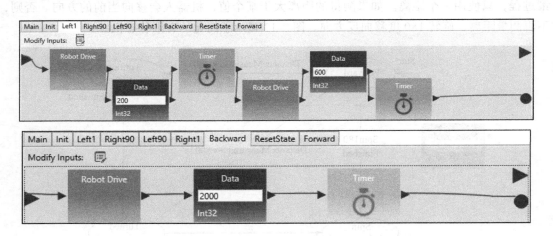

图 7-15　添加一个事件触发到 Left1 和 Backward 活动

7.3.3 基于事件驱动活动的 Main 框图

现在我们已经在活动里定义了事件，我们需要更新 Main 框图来处理事件。我们可以用"Custom Event"活动来自定义一个事件处理程序。通过在下拉菜单中选择一个活动块，我们可以处理由这个活动块触发的任何事件。

比如，如果我们在"Custom Event"下拉菜单里选择"Left90"，那么"Custom Event"活动之后的代码将在图 7-16 所示的代码到达圆形引脚后立刻执行。图 7-16 给出了更新后使用事件（而不是顺序编程）来完成状态之间转移的程序。我们也用一个"或并"活动来避免重复 ResetState 活动。

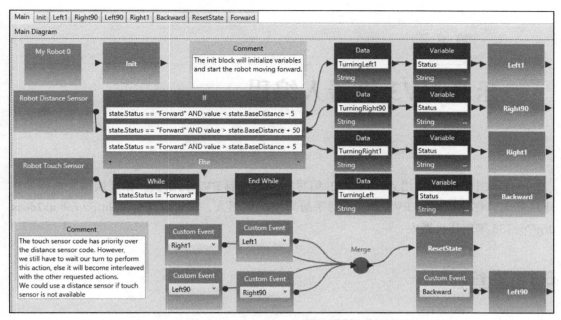

图 7-16　含自定义事件的沿右墙算法

7.4　使用光传感器实现基本相扑算法

在本节中，你将使用光传感器来检测相扑圈，以使机器人待在圈内。光传感器测量光强度，使得你的机器人能够区分明暗。光传感器必须安装在机器人的前方，以便读取地面的光反射值。图 7-17 所示的代码给出了白色相扑板的黑边圈的检测方法。

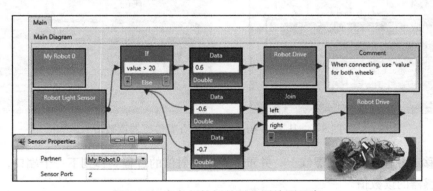

图 7-17　白色相扑板的黑边圈检测程序

创建一个新的工程，保存为"SumoBotLightSensor"。

注意将光强度的阈值设成 20。你需要根据边圈表面的颜色来校对数值。

为了改进相扑机器人的功能，你可以在机器人的尾部加一个接触传感器。当接触传感器被碰触，机器人应后退，反推对手。

当你完成后，请通知你的实验指导老师验收你的程序。然后换一个操作员进行下一个实验任务。

CHAPTER 8
第 8 章

乐高 EV3 机器人编程

在本章中，我们使用 ASU VIPLE 编写程序来控制 EV3 机器人。在开始编程前需要组建机器人，你可以根据 EV3 盒子里的手册来组建机器人，或者参考链接 http://robots2doss.org/?p=133 来组建机器人。

8.1 准备知识

8.1.1 从 EV3 Brick 得到传感器读数

在对传感器进行编程前，应测试所有真实传感器并确保它们都按预期工作。对于颜色传感器和超声传感器，传感器读数值可以在 EV3 Brick 中找到。你可以使用 EV3 的按钮和屏幕进行校准。如图 8-1 所示，首先将颜色传感器朝向地面，用蓝色按钮来选择第三个标签，然后选择 "Port View"。它会显示传感器的读数值。

 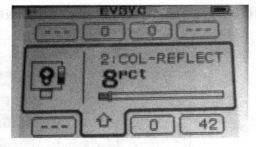

图 8-1 从 EV3 Brick 屏幕上查看传感器读数值

然后移动颜色传感器到黑线上，并重复读取反射值的过程。移到下一个端口，你会看到超声波传感器的读数值。

8.1.2 蓝牙连接

机器人可以使用 USB 电缆或者蓝牙适配器连接到计算机，我们将使用后者。要在计算机和机器人之间设置蓝牙连接，可以遵照下面的步骤操作。

1）确保乐高 EV3 主机上的蓝牙已经打开，并且设置为 "visible"。方法是从主菜单中选择蓝牙设定，然后从蓝牙菜单中选择打开/关闭，确保选择了打开。

2）看看乐高 EV3 主机的显示屏的顶部是否有蓝牙的图标。

3）在 PC 上搜索范围内的蓝牙设备。蓝牙列表会列出所有范围内的蓝牙设备，查看一下你的 EV3 机器人是否在列表里。如果实验室有许多 EV3 机器人并且都叫 EV3，要找到你的机器人就不太容易了。如果你安装了 EV3 软件，可以给你的机器人更名，这样，你可以轻松找到你的机器人。你也可以在 EV3 机器人上查看它的 ID 号，然后，在计算机蓝牙选择配对时，右键选择一个 EV3 机器人，选择属性（Properties），如果你看到的 ID 号与你在 EV3 机器人上查看到的 ID 号一致，你就找到了你的机器人。

4）把你找到的 EV3 机器人添加进来，然后使用密码 1234 来配对 PC 和机器人，这是默认的密码，你不需要使用其他的配对组合。

这步完成后，你应该安装了两个虚拟 COM 端口。记录输出端口的 COM 端口，在 VIPLE 编程配置时，需要输入这个端口。

如果你的 PC 和机器人配对正确，你就会听到 Brick 发出一声蜂鸣，然后 VIPLE 会弹出"运行"界面，它显示的信息里应没有红色高亮的文本信息（红色信息表示错误）。如果你的机器人没有发出声音，或者在启动应用程序后"运行"文本里有错误信息，请重试上面的步骤，要确保在重试前断开并移除 PC 和机器人的配对。

8.1.3　通过程序得到传感器读数

你可以编写一个 ASU VIPLE 程序来得到传感器读数。图 8-2 给出了 EV3 传感器的代码。你可以为 Edison 机器人编写一个类似的程序。我们将在接下来的练习里测试电机。

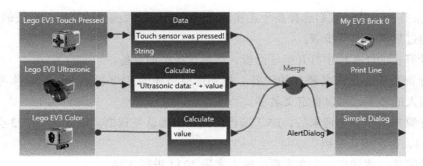

图 8-2　利用程序查看传感器的读数

对于 EV3 或者 Edison 机器人，可向程序添加更多的传感器并测试它们。

8.1.4　通过蓝牙或者 Wi-Fi 将机器人连接到 VIPLE

为了让图 8-2 中的框图能在真实机器人上工作，我们需要按如下步骤配置所用到的设备。

1）配置 EV3 Brick。我们使用名为 My EV3 Brick 的 Main Brick 来定义主要的配置，在一个框图中可以添加多个 Brick。右击 Brick 来打开配置。图 8-3 显示了右击窗口和两个配置窗口。更改连接类型窗口允许我们选择三种可用的连接方式之一：Wi-Fi、Bluetooth 和 USB。如果选择了 Bluetooth，则可以用标准的蓝牙配对过程来建立运行 ASU VIPLE 程序的计算机和机器人之间的连接。

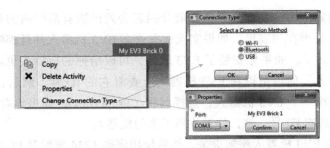

图 8-3　使用蓝牙连接配置 EV3 Brick

2）配置其他设备。对于每个设备，我们需要选择合作伙伴并选择设备使用的连接端口。在该框图中使用了一个设备——Drive 服务。图 8-4 显示了 EV3 Drive 服务的右击窗口。这个配置将 Drive 服务设置为与 My EV3 Brick 0 配对，并假设 Drive 的轮子分别连接到 EV3 Brick 0 上的电机端口 B 和 C。

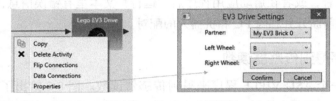

图 8-4　EV3 Brick 的配置

3）建立连接。假设我们选择蓝牙连接。蓝牙连接过程取决于计算机上安装的蓝牙设备。一个典型的过程包括以下步骤：

①从计算机的任务栏中打开蓝牙面板，然后选择添加设备。

②蓝牙面板将显示准备添加的设备。找到你要添加的 EV3 机器人。注意你可以在 EV3 上看到机器人的名字，可以自定义名字。

③从计算机发出添加请求后，EV3 端将弹出一个确认复选框。确认它，EV3 会再生成一个密码 1234，再次确认密码。

④在计算机一侧弹出一个文本框，输入密码 1234 进行连接。

⑤连接后，我们还需要知道连接的 "Outgoing" COM 端口。这个端口需要输入到 My EV3 Brick 0 的 Properties 窗口里。为了找到 COM 端口，从任务栏打开蓝牙面板，然后选择打开蓝牙设置。我们会看到 COM 端口，如图 8-5 所示。

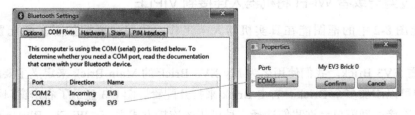

图 8-5　找到 My EV3 Brick 0 配置的 COM 端口

一旦配置完成了，我们就可以开始运行程序并用键盘来驱动机器人。

我们这里没有使用 Wi-Fi。如果选择 Wi-Fi 来连接，需要找到机器人的 IP 地址并把它输入到属性窗口里，以便 ASU VIPLE 程序可以建立和机器人的 Wi-Fi 连接。使用 EV3 上的屏幕和按钮，可以选择要连接的 Wi-Fi 网络并在连接后找到 IP 地址，如图 8-6 所示。

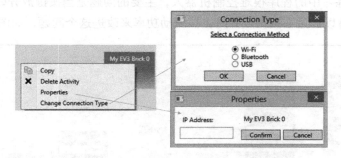

图 8-6　使用 Wi-Fi 连接的机器人配置

8.2　远程控制 EV3 机器人

8.2.1　在 VIPLE 中通过连线驱动机器人

图 8-7 给出了用计算机键盘上的四个方向键远程控制 EV3 机器人的程序。

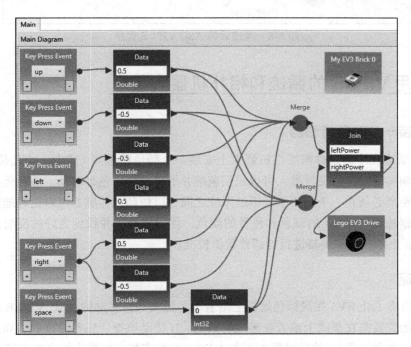

图 8-7　通过连线驱动 EV3 机器人

在 ASU VIPLE 中，Key Press 事件提供与 Direction Dialog 相同功能的服务。因为我们可以单独定义按键，因此可以定义四个以上的按键。使用 Key Press 事件比 Direction Dialog

更灵活。

8.2.2 改进驱动体验

使用上一个练习中的程序很难控制机器人，主要的问题是当按键放开时机器人不会停止或者减速。我们可以通过在按键放开时去掉驱动功率来改进这个问题，如图 8-8 所示。

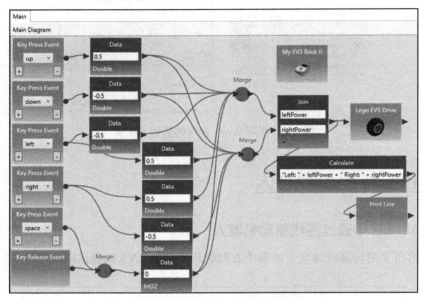

图 8-8　改进后的 ASU VIPLE 程序

8.3　使用 VIPLE 的循迹和相扑机器人程序

8.3.1　安装一个颜色传感器

在编写循迹程序前，你需要在机器人上安装一个颜色传感器（或者一个光传感器）。传感器头必须朝向地面，以便机器人可以识别色带并沿着地面的色带移动。颜色传感器的头和地面之间的距离必须在一个到两个硬币的厚度之间，以便颜色传感器可以更好地读到地面的光反射。依据地面（背景）的颜色和色带的颜色，你需要校准并找到良好的反射值。可以使用 EV3 Brick 上的按钮和屏幕进行传感器数值校准。

8.3.2　循迹

图 8-9 给出了让 EV3 在浅棕色地板上沿着一条黑线循迹移动的 ASU VIPLE 代码。颜色传感器的初始位置是在黑线上或者在黑线的右侧。If 活动检查传感器的读数。如果反射值小于 20（黑线的测量读数），并且机器人不在 Adjusting 状态里，机器人便会向右转 200ms 后向前直行。这个动作会让机器人从黑线上移开，导致传感器读数大于 20。在这种情况下，机器人会左转并向黑线移动。当传感器看到黑线时，它会开始移动离开黑线。变量 Adjusting 用来确保机器人在右转前完成了 200ms 的调整。

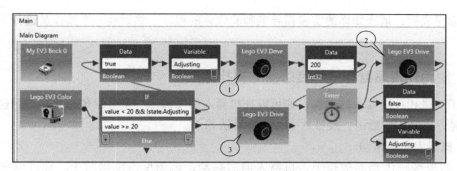

图 8-9 ASU VIPLE 中的循迹程序

程序里没有循环,它是事件驱动的。事件源是颜色传感器,它会周期性产生事件。每当一个事件发生时,If 活动会被触发并执行。

图 8-10 给出了颜色传感器的属性和 3 个 EV3 Drive 功率值,它们用来控制机器人右转、直线前进和左转。

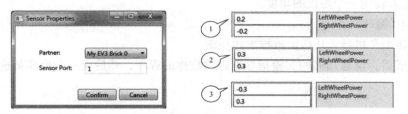

图 8-10 传感器属性和 Drive 功率设定

8.3.3 使用光传感器实现基本相扑算法

在本练习中,你将使用光传感器来检测相扑圈,以使机器人待在边圈内。光传感器测量光强度,以便你的机器人能够区分明暗。光传感器必须安装在机器人的前部,以便读取地面的光反射值。图 8-11 给出了在有黑边圈的白色相扑板中运行的算法。创建一个新的工程,保存为"EV3SumoBotLightSensor"。

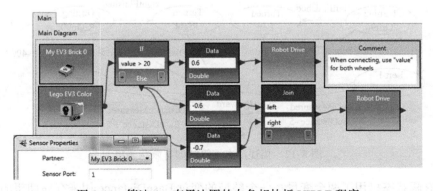

图 8-11 算法 1:有黑边圈的白色相扑板 VIPLE 程序

注意光强度的阈值设成 20。你需要根据边圈表面的颜色来校对数值。

当你完成后，请通知你的实验指导老师验收你的程序，然后换一个操作员进行下一个实验任务。

8.3.4 使用光传感器和接触传感器的相扑算法

为了改进相扑机器人的功能，你可以在机器人的尾部加一个接触传感器。当触碰到接触传感器时，机器人应后退，反推对手，具体算法如下。

1）机器人向前移动。

2）如果接触传感器被按下，机器人向后移动，试图反击推动对手。你可以考虑旋转180度来攻击对手。

3）如果接触传感器被释放，机器人停止并返回步骤1。由于机器人在后端没有光传感器，因此向后移动可能很容易走出相扑圈。

4）如果光传感器检测到颜色变化，机器人停止。

5）向后移动一定距离。

6）机器人转动一个随机的角度。

7）返回（循环）步骤1。

该算法将避免机器人从后面被推出相扑圈。

当你完成后，请通知你的实验指导老师验收你的程序，然后换一个操作员进行下一个实验任务。

8.4 使用 VIPLE 的 EV3 沿墙程序

在你开始编写程序前，需要在机器人上安装两个传感器：一个朝右侧墙的距离传感器（用来沿右侧墙移动）以及一个机器人前部的接触传感器。

8.4.1 沿墙迷宫导航（Main 框图）

我们首先用图 8-12 的有限状态机来定义沿右墙算法。

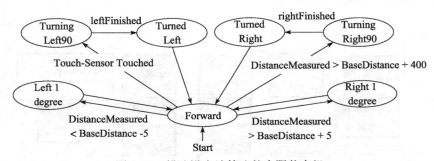

图 8-12 描述沿右墙算法的有限状态机

这个有限状态机用了两个变量：一个整型的变量 BaseDistance 用来存储期望的到墙的距离，初始值为 50mm 或者是距离传感器的初始测量值；一个 string 变量 Status 用来存放机器人的移动状态，初始值为"Forward"。Status 变量可以是以下值之一："Forward""Turning

Left""TurnedLeft""TurningRight"和"TurnedRight"。我们不需要一个转动"Left 1 degree"或者"Right 1 degree"的 Status 值，因为这些动作可以在瞬间完成，所以其他动作不需要和这两个状态协调。执行过程可以用以下算法描述：

1）变量 BaseDistance = 400（或者初始测量的距离）。

2）机器人循环重复下面的步骤，直到接触传感器按下事件发生。

① Status ="Forward"，机器人向前移动。

②机器人按照定义的轮询频率在一定间隔保持右侧距离。它会比较新测得的距离和 BaseDistance 中存储的值。

③如果测得的距离小于 BaseDistance – 5，机器人会左转 1 度，然后回到第二步。

④如果测得的距离大于 BaseDistance + 5，则向右转 1 度，然后回到第二步。

⑤如果测得的距离大于 BaseDistance + 200，Status ="TurningRight90"，开始右转 90 度，转好后 Status ="TurnedRight"，之后回到第二步。

3）按下接触传感器，机器人向后转半圈，开始左转 90 度，转好后 Status ="TurnedLeft"，回到第二步。

按照有限状态机，我们现在可以编写一个机器人自主导航过迷宫的代码。图 8-13 给出了实现有限状态机的 Main 框图。

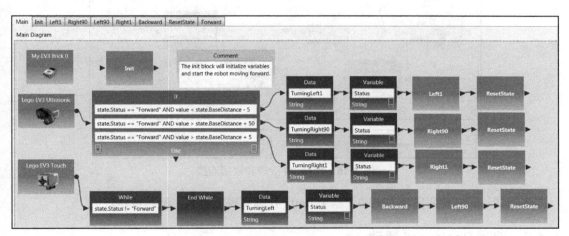

图 8-13　沿右墙程序的 Main 框图

8.4.2　编写 Init 活动

图 8-14 给出了 Init 活动的实现。

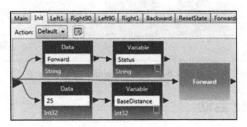

图 8-14　Init 活动

8.4.3 编写 Left1 活动

两个 Drive 服务的数据连接如图 8-15 所示。

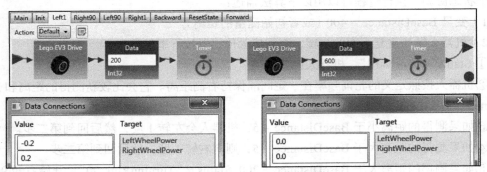

图 8-15 Left1 活动和数据连接

8.4.4 编写 Right90 活动

两个 Drive 服务的数据连接如图 8-16 所示。

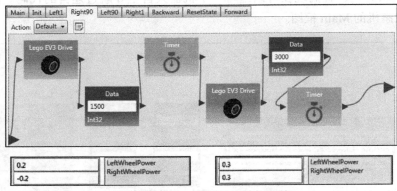

图 8-16 Right90 活动和数据连接

基于 Right90 代码实现 Left90，基于 Left1 代码实现 Right1，不再赘述。

8.4.5 编写 Backward 活动

给两个轮子使用负的动力，图 8-17 给出了 Backward 活动的实现。

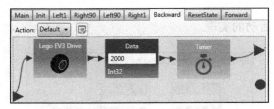

图 8-17 Backward 活动

8.4.6 编写 ResetState 活动

图 8-18 给出了 Reset State 活动的实现。

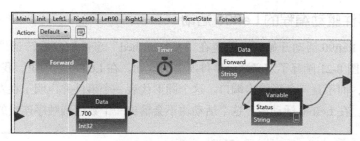

图 8-18 ResetState 活动

8.4.7 编写 Forward 活动

图 8-19 给出了 Forward 活动的实现和数据连接。

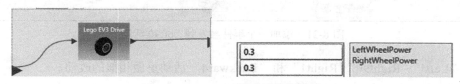

图 8-19 Forward 活动和数据连接

8.4.8 在沿墙算法里配置传感器

ASU VIPLE 里可以定义组件的活动。在之前的练习中，我们开发了 Init、Backward 和 Left1 等几个活动的代码。

对于每个传感器，需要选择伙伴主机和传感器使用的连接端口。对于 Main Brick 和 Drive 服务，我们使用与之前相同的配置。图 8-20 分别显示了配置 EV3 超声波传感器和接触传感器的右击窗口。这些配置假设所有的设备会和 My EV3 Brick 0 配对，超声波传感器连接到传感器端口 3，接触传感器连接到传感器端口 4。

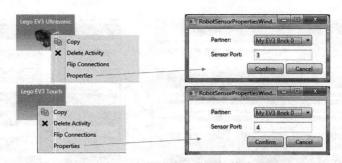

图 8-20 EV3 超声波传感器和接触传感器的配置

机器人迷宫导航的视频和其他资源可以在 ASU VIPLE 的网站 http://neptune.fulton.ad.asu.edu/VIPLE 找到。

8.5 使用事件驱动编程的沿墙算法

在本节中，我们会用事件驱动编程重新设计前述的沿墙程序。

8.5.1 使用事件驱动编程的 Left90 活动

我们以转动 Left90 活动开始。我们应在"leftFinished"事件触发后转到"Turned Left 90"和"Forward"。图 8-21 阐释了定义这个事件所需的改动。在 Left90 活动里,我们将绘制一条线到圆形输出端口,而不是三角形输出端口。这个圆形代表一个事件并声明了在左转 90 度后我们要触发一个事件。在 Left90 活动后,这个活动块不会输出一个数值到顺序连接的一个活动里。

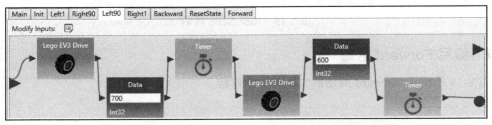

图 8-21 添加一个事件触发到 Left90 活动

在"Left1""Right90""Right1"和"Backward"活动里做相似的改动。

8.5.2 基于事件驱动活动的 Main 框图

现在我们已经在活动里定义了事件,需要更新 Main 框图来处理事件。我们可以用"Custom Event"活动来自定义一个事件处理程序。通过在下拉菜单中选择一个活动,我们可以处理由这个活动块触发的任何事件。

比如,如果在"Custom Event"下拉菜单里选择"Left90",那么"Custom Event"活动之后的代码将在图 8-21 中代码到达圆形引脚后立刻执行。图 8-22 显示了更新后使用事件(而不是顺序编程)来完成状态之间转移的程序。我们还使用了一个"或并"活动来避免重复 ResetState 活动。

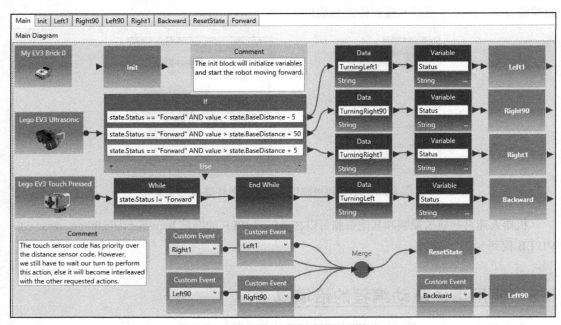

图 8-22 含自定义事件的沿右墙算法

8.6 采用局部最优试探算法的迷宫导航

8.6.1 实现局部最优算法的 Main 框图

在本练习中，我们使用图 8-23 里定义的迷宫导航算法的有限状态机。我们将使用 VIPLE 来实现这个试探算法。因为 VIPLE 是事件驱动语言，描述算法的最好方式是有限状态机。在框图中，我们使用了两个变量。变量 "Status" 可以是有 6 种可能的 String 类型的值：Forward、TurningRight、TurnedRight、TurningLeft (Spin180)、TurnedLeft 和 Resume180。Int 类型的变量 RightDistance 是用来存放机器人右转后到障碍物的距离的。

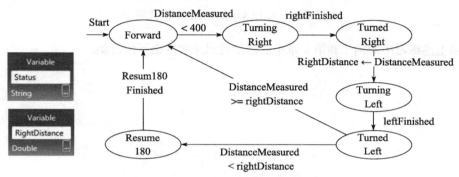

图 8-23　一种迷宫导航算法的状态图

图 8-23 中的有限状态机实现了一种试探算法。注意我们构建的 EV3 机器人可以旋转头部，因此，可以选择旋转传感器而不是旋转机器人的本体。

这个算法是试探式的，因为它不能找到所有迷宫的出口。但是，通过使用一个距离传感器收集到的信息，增加了找到大部分迷宫出口的概率。

图 8-24 给出了 Main 框图的代码。

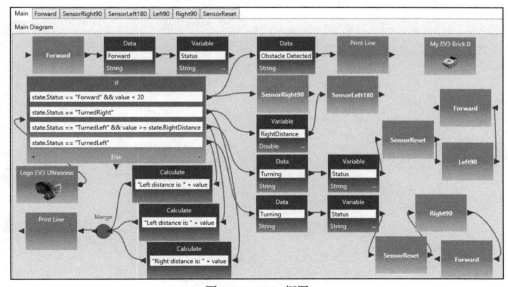

图 8-24　Main 框图

8.6.2 实现 SensorRight90

用距离传感器头旋转来代替机器人本体旋转，图 8-25 给出了实现 SensorRight90 的代码。

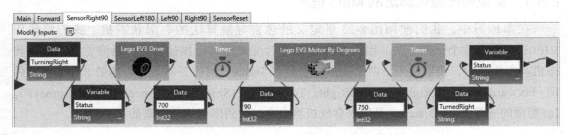

图 8-25 实现 SensorRight90 的代码

按照上述练习中的例子和第 3 章中的活动代码来实现余下的活动。

第 9 章

机器人现场测试和机器人比赛准备

下周将是机器人比赛周。下周所有的实验时间都将用于比赛，你没有时间来调试你的机器人。在本周的实验中，你的团队必须完成所有的准备和测试工作，并为下周的比赛做好准备。如果你在实验时间没有完成相关的准备工作，那么你的团队必须用课外的时间来完成。

9.1 准备工作

在完成实验前的小测验之前，请阅读本书附录中所给出的（或老师给的）比赛规则。本周实验前的小测验将测试你对比赛规则的了解程度。你也可以在网站 http://neptune.fulton.ad.asu.edu/VIPLE 上观看其他学校的类似比赛的视频。

9.2 实验作业

本次实验作业是为下周的比赛进行准备和测试。

9.2.1 讨论和会议纪要

本次实验要完成第 4 次会议纪要。在讨论中，你的团队必须按照本书附录中的"课程设计项目"文档中所规定的会议纪要形式组织讨论并撰写会议纪要。

第 4 次会议的主题是"为机器人比赛和演示进行准备"。团队必须讨论每次比赛如何获胜的计划。比如，讨论以下问题：

- 团队做得好的比赛是哪一次？
- 团队做得不好的比赛是哪一次？
- 对于做得不好的比赛，如何进行改进？在比赛之前，有额外的工作时间吗？如果有，是什么时间？

请对你的机器人程序的最后测试和评估拍照或者拍摄视频。这是为你最终的演示和演讲准备材料。请阅读本教材附录的同行评价表，理解你应如何评估团队成员，以及团队成员如何评分。

9.2.2 寻宝比赛

阅读比赛规则。让你的机器人在给定的迷宫中探寻宝物。使用鼠标或者键盘来控制机器人。当你完成时，通知你的实验指导老师验收你的程序，然后更换操作员，继续做后面的作业。

9.2.3 迷宫导航比赛的实践

基于前两节实验所做的工作，完成自制迷宫程序，并在给定的迷宫中进行测试。

当你完成时，请通知实验指导老师验收你的程序，然后更换操作员，继续做后面的作业。

9.2.4 相扑机器人比赛的实践

阅读比赛规则。在给定的相扑圈（sumo ring）中实测你的机器人。确保你的机器人可以检测到黑色的圈，并待在环里。

当你完成后，请通知实验指导老师验收你的程序，然后更换操作员，继续做后面的作业。

9.2.5 完成会议纪要

当完成了所有的比赛实践后，你应该完成你的会议纪要。

用一个 zip 文件来提交你的迷宫导航程序和会议纪要。

第 10 章

CHAPTER 10

机器人比赛

作为本课程的学习成果和设计项目的检验方法,本书给出了以下 3 种比赛:
- 比赛 1:寻宝
- 比赛 2:自治迷宫遍历
- 比赛 3:相扑机器人

本周的实验将完成这样的比赛。

10.1 寻宝

使用一个远程控制 VIPLE 程序来指挥机器人把宝物(两个球)带到出口,如图 10-1 所示。必须在 2 分钟内完成该任务。比赛规则和评分标在附录中给出。

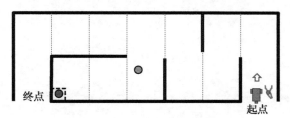

图 10-1 迷宫和迷宫中的宝物

10.2 自治迷宫遍历

编写一个 VIPLE 程序,从位置 0 到位置 10 遍历迷宫,然后再从位置 10 返回到位置 0,如图 10-2 所示。一旦程序开始,就不能由人工干预。必须在 2 分钟内完成该任务。你的得分将根据你的机器人所到达的最远位置来计算。

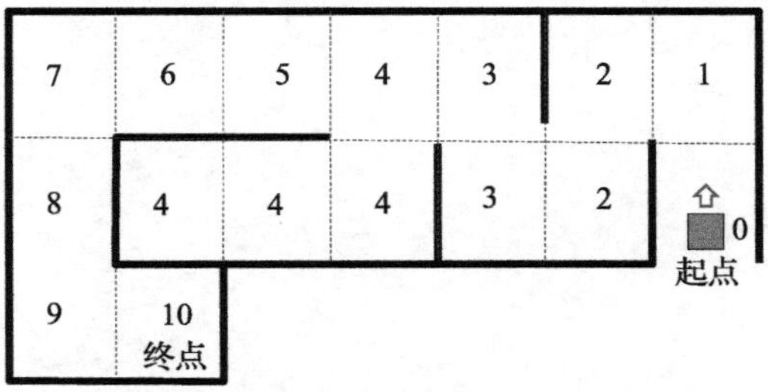

图 10-2 迷宫和得分位置

10.3 相扑机器人

在每轮比赛中,两个机器人将被放置在相扑圈里,如图 10-3 所示。每轮比赛的时间是 1 分钟。如果一个机器人将其对手推出相扑圈,或者使其对手翻转,则该机器人将获胜。如果两个机器人在比赛结束时都待在相扑圈里,则是平局。可以通过多轮比赛来确定获胜者。

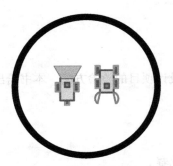

图 10-3 相扑机器人比赛

基于课程的需要,还可以设计不同类型的比赛,并修改相应的比赛准备实验作业。例如,如果课程侧重于可再生能源,那么可以在机器人设计中使用其他组件,比如风车、功率计、太阳能电池板、电子马达、燃料电池汽车,以及气动元件。

第 11 章

服务计算与 Web 应用的开发

服务计算与 Web 应用已经成为主要的计算平台。在这一章中，你将学习和练习基本的并行计算和网络计算概念并用 VIPLE 和 C# 开发简单的并行计算、服务计算与 Web 应用或网页程序。

11.1 并行处理技术

计算机的发展趋势除了由多颗芯片结构向单芯片结构发展之外，也在强调并行处理的理念。下面我们来回顾一下计算机发展历史上和并行处理相关的技术进展情况。

1. 单核单线程技术（Single Threading）

关于线程的概念，我们将会在操作系统课程中深入学习。现在我们可以把线程简单地看作计算机要执行的一个任务。早期的计算机系统只有一个 CPU，并且 CPU 中也只有一个计算核心（单核），如图 11-1 所示。所以计算机系统设计者们自然地让计算机一个任务接着一个任务的执行，这叫作串行执行，也就是单线程技术。

2. 单核多线程技术（Multi-Threading）

很快人们发现单线程技术有着很大的弊端，因为在上一个任务完成之前无法进行下一个任务。相信大家现在一定不能忍受一台电脑无法在播放歌曲的同时打开一个或多个网页。聪明的软件人员为了解决单线程技术的这个弊端，想了一个高明的方法：尽管系统里只有一个 CPU，并且 CPU 中只有一个计算核心，但是因为 CPU 的执行速度实在太快（1GHz 的 CPU 意味着 CPU 在一秒钟内能执行超过 10 亿次的指令），所以他们就让 CPU 在要执行的多个任务之间来回切换，使得大家感觉似乎每个任务在同时执行，这就是多线程技术。多线程技术使得计算机的世界更加完美，但也使得软件的开发更加复杂。

3. 超线程技术（Hyper Treading）

通过前面的学习我们知道，运算器和控制器构成了 CPU，但是在实际的 CPU 设计中并不是如此简单。CPU 的设计者们又对运算器和控制器进行了更细的划分，有的单元专门用来操作整数，有的单元专门用来操作浮点数，等等。Intel 的 CPU 设计者们发明了超线程技术，如图 11-2 所示。使得一个物理上的单核心 CPU 能够模拟成两个物理 CPU，这样需要进行整数计算的任务和需要进行浮点数计算的任务就可以真正同时执行了。超线程技术还可以在一个线程等待数据时自动执行另一个线程。

4. 多核技术（Multi-Core）

多核技术指的是在同一颗 CPU 中集成两个或多个完整的计算核心，如图 11-3 所示。之所以会开发出多核技术，是因为 CPU 设计者们发现仅仅提高单计算核心的速度会产生过多的热量，并且没有办法带来相应的性能提升。即使没有热量问题，其性价比也是令人无法接受的，因为计算机运算速度的增长与投入的研发经费并不是简单的线性关系，速度稍快的处理器价格要比速度低的处理器价格高很多。多核技术还可以与超线程技术结合，我们称之为多核超线程技术。Intel 的酷睿智能处理器 i7 系列就是用了多核超线程技术。

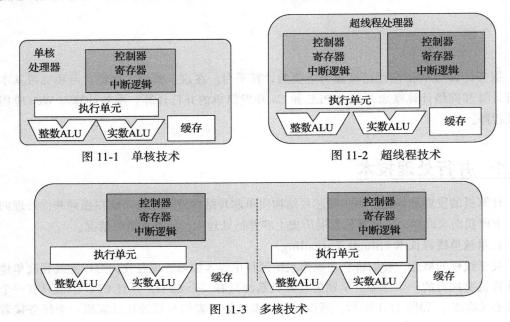

图 11-1　单核技术　　　　　　　图 11-2　超线程技术

图 11-3　多核技术

11.2　文本语言编程的基本概念

本章的主要任务是面向服务的计算和 Web 应用开发。它们代表了最新的计算模式。然而，这种新的计算模式基于传统的编程概念。在我们学习面向服务计算之前，我们先简要地讨论面向对象的计算模式和一些基本的文本语言编程概念。

1. 编程语言的基本术语

- 变量：用于存储数据的内存位置。一个变量必须有变量名，用来指向存储数据的内存地址。
- 数据类型：指的是某一类型的数据，常见的数据类型包括整型、字符串型、双精度型。整型分为多种类型：byte 型（8 位长的整型），int 或者 int32（32 位长的整型），long 或者 int64（64 位长整型）。
- 常量：其值在程序运行过程中保持不变的变量（例如：PI=3.14159）。
- 关键字：系统中具备特殊意义的项，通常字体颜色用蓝色表示（例如：int32、stringA 等）。
- 操作符：连接变量和常量算术或者逻辑运算的符号。
- 语句：变量、常量、运算符、表达式和关键字的组合。

2. 变量和数据类型

在应用程序中需要临时存储数据时，变量是非常有用的。例如在程序中需要用户输入 10 个数据，要进行加法运算，很显然，你需要 10 个变量存储用户输入的 10 个数据，1 个变量存储 10 个数相加之后的结果。

C# 为你提供了许多不同的数据类型来处理数字、文本、字节、日期/时间等数据。此外，C# 还提供了一种对象类型，它可以存储多种类型的数据。下面我们将进一步解释如何处理数字、文字和布尔类型的数据。

- 数字数据类型：C# 提供 Integer、Short、Long 数据类型来存储整数。要存储浮点和双精度数据，可以使用 Double 和 Decimal 数据类型。
- 文本数据类型：C# 提供 Char 和 String 数据类型存储文本数据。Char 数据类型只能存储一个字符，而 String 可以存储一整行的文本。
- 布尔类型：布尔类型用于表示逻辑值，可以存储 true 或 false 值。

3. 选择结构：if- else 和 switch 语句

程序要根据用户的输入和其他条件来执行。我们首先讨论 if-else 语句，接下来是 switch 语句。当语句要根据一个表达式的 true 或者 false 值来执行的时候，可以使用 if-else 语句。if-else 语句有两种格式，单行 if-else 和多行 if-else 语句。单行 if-else 语句只要检验简单的条件，多行 if-else 可以校验复杂的条件。下面是单行 if-else 语句的语法和示例。

< 语法 >

```
if ( 条件 )
    语句 1 [: 语句 2];
[else 语句 ]
```

< 示例 >

```
static void Main(string[] args){
        string s = Console.ReadLine(); // input a number >=3
        Int32 side = Convert.ToInt32(s);
        if (side == 3) {
            // Output the result;
            Console.WriteLine("The figure is a Triangle");
        }
        else {
            // Output the result;
            Console.WriteLine("The figure is not a Triangle");
    }
}
```

多行 if 语句的格式和示例如下：

< 语法 >

```
if(条件1)
    Statement1;
[else if ( 条件2)
    语句2;]
        ...
    [else
    语句n;]
```

< 示例 >

```
static void Main(string[] args){
```

```
                string s = Console.ReadLine(); // input a number >=3
                Int32 side = Convert.ToInt32(s);
                if (side == 3){
// Output the result;
System.Console.WriteLine("The figure is a Triangle");
        }
else if (side == 4){
// Output the result;
Console.WriteLine("The figure is a Square");
        }
else if (side == 5){
// Output the result;
Console.WriteLine("The figure is a Pentagon");
        }
else {
// Output the result;
Console.WriteLine("The figure is a Polygon");
        }
    }
```

多分支问题除了使用多行 if-else 语句外，我们也可以使用 switch 语句，可以根据表达式的结果，执行一系列语句。比如，在上面的例子中，也可以使用 switch 语句，变量的数据类型要跟条件中的数据类型相一致。

< 语法 >

```
switch (变量/表达式)
{
    case 条件1：语句1; break;
    case 条件2：语句2; break;
    ...
default: 语句n; break;
}
```

< 示例 >

```
static void Main(string[] args){
      string s = Console.ReadLine(); // input a number >=3
      Int32 side = Convert.ToInt32(s);
      switch (side) {
         case 3: // If side equals 3 then print this result
              Console.WriteLine("The figure is a Triangle");
              break;
         case 4: // If side equals 4 then print this result
   Console.WriteLine("The figure is a Rectangle");
   break;
         case 5: // If side equals 5 then print this result
              Console.WriteLine("The figure is a Pentagon");
              break;
         default: // Otherwise print this result
              Console.WriteLine("The figure is a Polygon");
              break;
      }
}
```

注意：在 switch 语句中可以包含另一个 switch 语句，同样，在 if-else 语句中也可以包含其他的选择结构（通常叫作嵌套语句）。

4. 循环结构

C# 中有 3 种循环控制结构——For 循环、While 循环和 Do-While 循环。它们在满足某一条件的情况下，重复执行一系列语句。

（1）While 循环

While 循环先进行条件判断。如果条件为 true，执行循环体中语句 1 后，再回到条件判断。当给定的条件为假时，会跳出循环结构，之后会继续执行程序中循环结构之后的下一条语句。下面是 C# 中 While 循环的语法和示例：

<语法>

```
while<条件>
    {
        <语句1>;
        <语句2>;
        ...
        <语句n>;
    }
```

<示例>

```
static void Main(string[] args) {
    string s = Console.ReadLine(); // input a number >=0
    Int32 i = Convert.ToInt32(s);
    while (i < 10)              //The while loop will continue to
                                //execute these statements until
                                //i is greater or equal to 10
    {
//Output the value of i onto the screen
Console.WriteLine("The value of i is " + i);
i++;                  //Increment i by 1
    }
}
```

（2）For 循环

在 C# 中，For 循环用三个表达式来定义循环重复执行起点、终端和步长。下面是 For 循环的语法和示例：

<语法>

```
for(表达式1;表达式2;表达式3)
    {
        <语句1>;
        <语句2>;
        ...
        <语句n>;
    }
```

<说明>

- 表达式 1：For 循环中，表达式 1 初始化循环变量的值，只执行一次。
- 表达式 2：循环条件，条件的值为正值或 true 时，执行循环，否则，循环结束。
- 表达式 3：循环变量的改变表达式，可以增加或者减少循环变量的值。

注意：for 结构中除了两个分号以外，其他的三个表达式均可以省略。

大家思考下 for (;;) 这种程序在运行过程中，会出现什么情况？

< 示例 >

```
static void Main(string[] args)
{
    Int32 counter;      // Initialize variable
    for (counter = 0; counter < 10; counter = counter + 1)
    {
Console.WriteLine("The value is " + counter);
// Output the value of counter to the screen.
    }
}
```

（3）Do-While 循环

先执行循环体中的语句，然后进行条件判断，条件为 true，则继续执行，直到条件为 false。

< 语法 >

```
do{
    <语句 1>; <语句 2>; …; <语句 n>;
} while <条件>;
```

< 与 while 的区别 >

- While 循环先判断后执行，Do-While 循环先执行后判断。
- While 循环在第一次条件不满足的情况下，不执行循环体；而 Do-While 循环，不管是否满足条件，都执行一次循环体。

< 示例 >

```
static void Main(string[] args) {
    Int32 i = 0;
    do              // execute these statements until
                    // i is greater or equal to 10
    {
            Console.WriteLine("The value of i is " + i);
i++;    // Increment i by 1
    } while (i < 10);// The while loop will continue to
}
```

11.3　面向服务的架构的基本概念

从广义上讲，服务是指服务的提供者（或者称为服务的生产者）和服务的消费者（或者称为应用程序开发者）之间的界面。从计算的层面来讲，服务的提供者是开发计算机程序为其他人使用的人或运行这些服务的计算机服务器。而消费者则是使用这个服务的人或者计算机。从生产者的角度来看，服务是一个定义良好的、独立的，并且不依赖于上下文或其他功能状态的功能模块。这些服务可以是新开发的模块或在已经存在的程序被重新封装成服务（加一层新的服务界面）。

从应用程序开发者或服务消费者的角度来看，服务是由服务提供者来完成的一项工作，它将产生服务消费者期望的结果。与应用程序不同的是，服务通常没有人类用户界面。相反，它提供了一个应用程序编程接口（API）。这样的服务可以被应用程序或另一个服务调用。如果人类用户要使用一个服务，必须增加一个用户界面。一个带用户界面的服务也成为一个应用程序了。

服务代理商可以帮助服务消费者找到需要的服务。服务代理商允许服务提供商发布服务的定义和接口，同时，允许一个服务消费者搜索其数据库，从中找到所需的服务。

面向服务计算（SOC）的一个重要特征是把软件开发分成三方：服务需求者或消费者，服务提供商或开发者，以及服务代理商。这三方的结构对软件体系结构具有很大的灵活性并成为软件开发的一种新方法。

面向服务的架构（SOA）是一个分布式的软件体系结构，它把一个软件系统看成一个松散耦合的服务集合，通过标准接口相互通信，如 WSDL（Web 服务描述语言）接口，并且可以通过标准的消息交换协议如 SOAP（简单对象访问协议）相互通信。这些服务可自主经营并独立开发平台。它们可以驻留在不同的计算机上，利用对方的服务来实现自己的目标和最终结果。SOA 机构的软件应该由三个独立机构进行开发和维护：服务需求者（应用程序开发者）、服务代理商和服务提供商。服务提供商开发服务并通过代理商发布，而服务消费者通过代理商发现所需的服务并使用这些服务来构建他们的应用。同样的服务可以由多个服务提供商发布，服务消费者可以动态地发现新的服务并绑定到他们正在运行的应用程序中，这样他们可以始终使用更好的服务。

面向服务计算（SOC）是指计算模式，是基于 SOA 的概念模型。SOC 包含计算的概念、原理和方法，代表了三个平行的计算过程：服务开发、服务的发布、使用已经开发好的服务组件。SOA 和 SOC 之间的本质区别是，SOA 是一个概念模型，并没有涉及算法的设计与实现来创建可运行的软件，而 SOC 涉及软件开发生命周期中的需求、问题的定义、概念建模、规范、架构设计、组件、服务的发现、服务的实现和测试到评估的很大一部分。因此，SOA 更多地关注于应用程序开发者（服务消费者），而 SOC 关注所有三个方面的软件开发。

面向服务的开发（SOD）是指基于 SOA 的概念和 SOC 的模式的整个软件开发周期，包括需求分析、问题的定义、概念建模、规范、架构设计、组件、服务的发现、服务实现、测试、评估、部署和维护。SOD 过程将产生可运行的软件。

在文献中，SOA 常常扩展到包括 SOC，因此，SOA 和 SOC 可以交替使用。另一方面，SOC 经常被扩展到包括 SOD 的意义。因此，在本书中，我们也将交替使用 SOC 的 SOA 和 SOD 来简化术语，它们之间的差异我们将不做讨论。

Web 服务（Web Service，WS）是在 Web 上提供的服务。基于 Web 服务的计算是 SOC 的一个特定实现。这也许是最广为人知的 SOC 的例子。然而，其他 SOC 实现也是可能的。Web 服务支持 SOC，并有一套包括 XML、SOAP、WSDL、UDDI 和 ebXML 的技术。XML 是数据表示的标准。SOAP 是通信协议，可以在网络和多平台间远程调用服务。WSDL 是用来描述服务的接口语言。UDDI（统一描述、发现和集成）和 ebXML（电子商务的可扩展标记语言）是用来发布 Web 服务，使其可以公布、搜索、发现。这些过程可以是手动的，也可以编程自动完成。

窗体应用程序（Windows Forms Application）允许你创建一个图形用户界面（GUI）并可

以在该界面下写一个运行在本地计算机上的程序。用户将软件安装在本地计算机，软件可以在有或者没有互联网的状态下运行。例如，Office 和 Outlook 就是这类应用软件的例子。你也可以在计算机上安装游戏，在没有互联网的情况下玩单机游戏。

Web Site 应用程序允许你创建并把带 GUI 图形用户界面的程序部署到网站上。用户连接到互联网就可以使用你的软件，例如：在线游戏、在线购物网站和网上银行等都是 Web 应用程序的例子。

传统上，大多数应用程序开发运行在本地计算机上。Web 网站应用程序是最新的软件开发技术。越来越多的站点部署了应用程序。对任何以本地的计算机为基础的应用程序，你可能会发现，在线运行着很多相同的应用程序。反之则不然，有很多应用程序在网上运行，但是不能在本地计算机上运行，例如，在线购物网站亚马逊不能在没有连入互联网的本地计算机上运行。

此外，VIPLE 通过允许创建的服务和代码活动来支持面向服务的计算。它还可以调用 RESTful 服务和 WSDL 服务。

我们使用了将活动保存到服务中的功能。现在我们将解释其他功能的用途。图 11-4 给出了创建 Code Activity 的步骤，允许将任何 C # 代码片段（一个类）引入到 VIPLE 中。该功能将可视化编程语言连接到基于文本的编程语言。

图 11-4　创建 Code Activity 的步骤

1）将 Code Activity 从服务列表拖放到框图中。
2）命名该活动，例如 MyCodeActivity。
3）右键单击该块来编辑代码。
4）开始将一些 C # 代码输入代码编辑器窗口。

要访问 RESTful 服务，我们可以将 RESTful 服务从服务列表拖放到框图中。然后，打开一个窗口，你可以输入一个 RESTful 服务地址。图 11-5 给出了一个示例，我们将两个 RESTful

服务拖放到框图中。第一个服务调用加密服务，第二个服务调用解密服务。可以看到，"Hello"这个词被加密成"AdAqmhVEN2A="。然后，调用解密服务将密文修改回"Hello"。

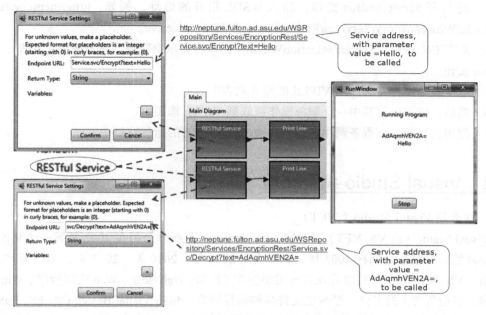

图 11-5　在 VIPLE 框图中调用 RESTful 服务

WSDL 服务比使用 RESTful 服务要复杂得多。图 11-6 给出了添加和使用该服务的过程，下面列出的步骤解释了这个过程。

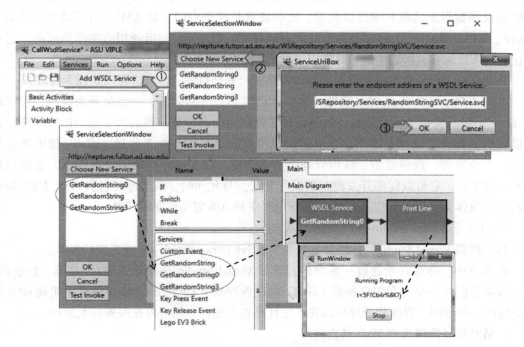

图 11-6　在 VIPLE 框图中调用 WSDL 服务

1）点击 VIPLE 菜单中的服务，选择添加 WSDL 服务。

2）打开 ServiceSelectionWindow 窗口，点击 Choose New Service 按钮。

3）将打开 ServiceuriBox 窗口，输入 WSDL 服务的地址，例如，http://neptune.fulton.ad.asu.edu/WSRepository/Services/RandomStringSVC/Service.svc。

4）点击 OK 按钮，ServiceSelectionWindow 窗口将显示出服务的服务操作（方法），点击 Confirm 按钮。

5）这些服务操作将添加到 VIPLE 的服务列表中。

6）然后，你可以将其中一个服务操作拖放到 VIPLE 框图中。

7）使用行打印，该服务调用的结果将输出在 VIPLE 的运行窗口中。

11.4　Visual Studio 编程环境

1. 什么是 Visual Studio（.NET）

Visual Studio（或 VS .NET），代号叫"Rosario"，是微软公司在 2002 年第一次发布的集成开发环境。升级版分别在 2003 年、2005 年、2008 年、2010 年、2012 年、2015 年和 2017 年发布。VS .NET 是一个可以开发各种类型应用（比如：Web 服务、Web 应用程序、Windows 应用和手机应用等）的平台。平台也支持多种编程语言，包括 Visual Basic、C#、F#、FoxPro、C 和 C++。为了更好地理解 VS. NET 的可视化设计理念，我们先来了解 .NET 框架和其预期的目标。

微软公司的 VS.NET 是在 Windows 下运行所有类型的计算机程序的必要组件，包括基于 Web 的应用程序、智能客户端应用程序和 XML Web 服务。这些部件可以通过网络上标准协议和数据及功能共享得以集成。这些协议是跨平台的，如 XML（可扩展标记语言）、SOAP、HTTP 等。.NET 框架是由公共语言运行库（CLR）和一组通用的类库组成的，它可以让开发人员能够轻松地构建和部署应用程序。

公共语言运行库负责运行服务，如语言集成、安全执法、内存进程以及线程管理。

类库（Class Library）是一套统一的类，提供了一个共同的、一致的开发接口，可以跨越 .NET 平台所支持的所有语言。类库降低了代码量，因为在一种语言下编写的库程序，也可以在别的语言下使用。该类库包含基类，可以提供的标准功能包括：输入/输出字符串操作、安全管理、网络通信、线程管理、文本管理，以及用户界面的设计特点。它还包括 ADO. NET 类，它可以促使开发商与数据库交互。与此同时，该类库还包含 ASP. NET 类和 Windows 窗体类，用于支持基于 Web 的应用程序和桌面应用程序的开发。

图 11-7 是 Visual Studio .NET 的总体架构。

为了使用 Visual Studio，你需要下载并安装 NETFramework 4.0 或更新的版本。

在本节中，你将开始通过一系列教程学习 Visual Studio 开发环境和 C# 基础。特别的，我们将学习创建一个图形用户界面（GUI）的过程和基于 C# 语言的 GUI 编程，实现 GUI 提供的功能。图形用户界面和程序可以在本地计算机上运行，也可以在服务器上运行。

2. 活动服务器网页和 Web 站点应用

你可以使用 Visual Studio 建立不同的应用程序。动态服务器页面（.aspx 网页）是目前计算机科学和工程中的一个最热门的话题。什么是一个动态服务器页面？动态服务器页面也被称为 Web 站点的应用，使得计算从桌面平台移向互联网。Web 网站应用程序可以很容易地使用 Web 服务，这样现有的计算组件可在网上应用。

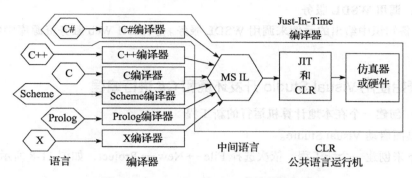

图 11-7　Visual Studio .NET 的总体架构

在本节中，我们将研究动态服务器页面，并介绍如何构建这样的网页。开始之前，我们先看一下下面这个链接的例子：必胜客网站 http://www.pizzahut.com.cn/phdi/index.aspx 或 Subway 网站 http://subway.com/subwayroot/index.aspx 这两个网站都有 .aspx 尾名，而不是 .html 尾名。

从这个站点的内容和外观来看，动态服务器页面和普通的 html 页面看起来没什么不同，是不是？是的，但是，对一个动态服务器页面来说，它可以编得与众不同、独一无二的。它不仅仅是数据在屏幕上显示，而是在你的计算机（客户端）和服务器端之间进行复杂的计算和事务处理。利用动态服务器页面，你可以将枯燥的网页转换为动态网站，可以从活动中进行交互和学习。

练习：在学习了前面的知识后，你需要完成下面的练习。只有完全答对这些题目，你才可以开始后面的实践环节。

1. 多核技术和多线程技术有什么基本区别？
2. Intel 的酷睿智能处理器 i7 系列采用了什么技术？
   A. 单核　　　　　　B. 多核　　　　　　C. 超线程　　　　　　D. 多核超线程

11.5　实验内容

11.5.1　VIPLE 中的并行和面向服务计算

练习 1：顺序编程

使用 VIPLE 按顺序做加法，sum = 1 + 2 +, ..., + n，其中 n = 4000。使用浮点数求和，而不是整数以避免溢出。

练习 2：并行编程

使用四个并行线程来做加法，sum = 1 + 2 +, ..., + n，其中 n = 4000。使用浮点数求和，而不是整数以避免溢出。

练习 3：调用 RESTful 服务

按照预备知识中给出的示例调用 RESTful 服务。从 ASU Web 服务资源库 http://neptune.fulton.ad.asu.edu/WSRepository/repository.html 中尝试另一个 RESTful 服务。

练习 4：调用 WSDL 服务

按照预备知识中给出的示例来调用 WSDL 服务。从 ASU Web 服务资源库中尝试另一个 WSDL 服务。

11.5.2 开始使用 Visual Studio 开发环境和 C# 进行编程

练习 1：创建一个在本地计算机运行的新工程

1）从桌面启动 Visual Studio。

2）接下来创建一个新工程，依次选择 File → New → Project，如图 11-8 所示。

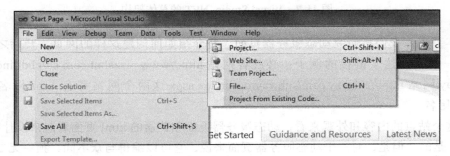

图 11-8 创建一个新工程

3）在模板的左侧工程类型中选择 "Visual C#"，选中 "Windows Forms Application"，单击 OK 按钮，如图 11-9 所示。

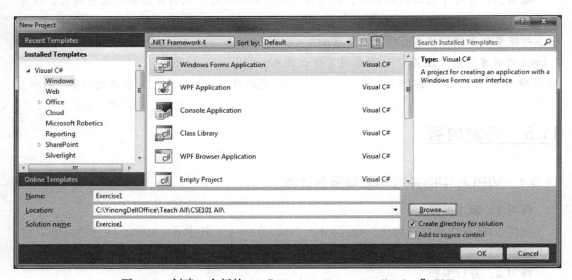

图 11-9 创建一个新的 C# "Windows Forms Application" GUI

4）创建了一个新的带图形用户界面的窗体，如图 11-10 所示。

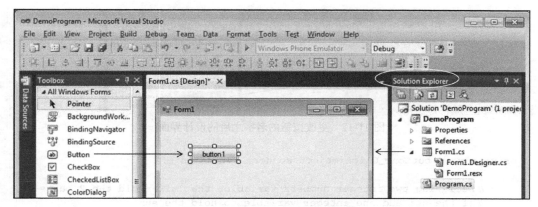

图 11-10　Visual Studio 程序环境

在这个窗口中，下列组件和工具对于建立 Windows 应用程序非常有用。
- **GUI/代码编辑器**：一个共享窗口，允许你创建 GUI 并输入与 GUI 相关联的程序代码。当你点击在"Solution Explorer"中的"Form1.cs"，可以看到一个空白的设计界面，在这个界面上，你可以绘制自己的界面组件，你可以拖放窗体左边工具箱里的组件到设计窗体。双击你画出的任何组件，代码编辑器就会打开，在代码编辑器里，会自动生成方法的原型（方法的第一行），你就可以在代码编辑器里输入 C# 程序的代码，并保存，所有的 Visual C# 程序的扩展名都是 .cs。
- **解决方案资源管理器**：它为你提供了一个工程的组织架构视图，包括你在工程中创建的文件和程序，也包括随时访问的跟它们相关的命令。
- **文本框**：在左边的窗口，将鼠标移动到工具箱选项卡打开工具箱窗口。单击加号旁边的通用控件。你会看在 Windows 应用程序中的控件列表。从工具箱中，你可以找到你需要的 GUI 组件（项），如按钮、单选按钮、标签、文本框、复选框，等等。
- **属性**：允许你自定义所绘制的每个 GUI 组件（项）。GUI 组件包括颜色、文字、字体、字体大小等。

练习 2：创建一个简单的 GUI 界面，并针对界面设计简单的程序

1）创建一个新的 C# 应用程序，命名为"Exercise1"。
2）使用工具箱，选择 Button 控件，并拖到设计界面，如图 11-11 所示。

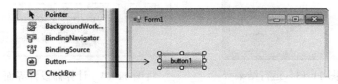

图 11-11　带一个按钮的窗体设计界面

3）选定 button1，通过窗体的属性（Properties）页把按钮的 Name 改为"Add Two Numbers"，如图 11-12 所示。

4）双击设计界面的按钮，就可以进入代码编辑器，将下面的程序代码输入到 private void button1_Click 中：

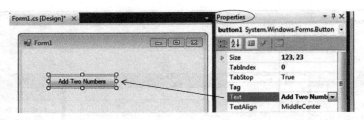

图 11-12　更改按钮的名字之后的设计界面

```
private void button1_Click(object sender, EventArgs e)
{
    //Declaring two integer numbers variables that will hold the 2 parts
    //of the sum and one integer variable to hold the sum
    int number1;
    int number2;
    int sum;
    //Assigned two values to the integer variables
    number1 = 10;
    number2 = 15;
     //Adding the two integers and storing the result in the sum variable
    sum = number1 + number2;
    //Displaying a string with the 2 numbers and the result
     MessageBox.Show("The sum of " + number1.ToString() + " and " + number2.ToString() + " is " + sum.ToString());
}
```

5）编译并运行应用程序。

6）应用程序的运行结果如图 11-13 所示。信息框里的内容是你输入的字符串和输入的两个数之和。

练习 3：建立一个在本地计算机上运行的计算器

1）创建一个新的 C# 应用程序，命名为"Exercise2"。

2）使用按钮、文本框、标签等控件，并将它们拖到设计界面，设计如图 11-14 所示的计算器。

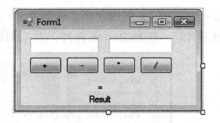

图 11-13　运行结果　　　　　图 11-14　计算器设计界面

GUI 上面的部分是文本框，你可以输入两个整型的数字。下面的部分是标签，可以显示输出结果。可以在输出结果后面连接一个字符串"Result"。

3）点击一个按钮，将出现代码接口（原型）。返回设计视图，点击下一个按钮，重复上述过程，直到单击完所有的按钮。因为其他的组件不需要设计代码，所以无须点击文本框和标签。

4）在每个按钮的 button_Click 方法中，输入下面的代码。

```
private void button1_Click(object sender, EventArgs e)
{
    Int32 number1 = Convert.ToInt32(this.textBox1.Text);
    Int32 number2 = Convert.ToInt32(this.textBox2.Text);
    Int32 result = number1+number2;
    this.label2.Text = result.ToString();
}
private void button2_Click(object sender, EventArgs e)
{
    Int32 number1 = Convert.ToInt32(this.textBox1.Text);
    Int32 number2 = Convert.ToInt32(this.textBox2.Text);
    Int32 result = number1 - number2;
    this.label2.Text = result.ToString();
}
private void button3_Click(object sender, EventArgs e)
{
    Int32 number1 = Convert.ToInt32(this.textBox1.Text);
    Int32 number2 = Convert.ToInt32(this.textBox2.Text);
    Int32 result = number1 * number2;
    this.label2.Text = result.ToString();
}
private void button4_Click(object sender, EventArgs e)
{
    Double number1 = Convert.ToInt32(this.textBox1.Text);
    Double number2 = Convert.ToInt32(this.textBox2.Text);
    Double result = number1 / number2;
    this.label2.Text = result.ToString();
}
```

练习 4：创建一个在本地计算机运行的猜数游戏

这一部分要求重写包含图形用户界面的猜数游戏。这个游戏的目的是猜正确的数字，这个数字是程序随机生成的。游戏中的数字必须在 1 和 100 之间的数。如果用户输入的数字太小或太大，系统会通知用户输入的数字是错误的，并要求用户重新输入一个数字。如果用户输入的数字大于正确的数字，系统会通知用户，这个数字太大。同样，如果数字小于正确的数字，系统会通知用户数字太小。

除了基本的要求，需要检查用户输入。如果用户输入无效的数字，则显示一个信息框说明输入无效。

另外，系统会记录尝试的次数，当用户猜对数字时显示结果。本工程的名称为"exercise3_teamname"。

阅读并理解以下代码，选择性地将其用到你的游戏代码中。

```
public class NumberGuess {
    public int SecretNumber(int lower, int upper) {
        DateTime currentDate = DateTime.Now;
        int seed = (int)currentDate.Ticks;
        Random random = new Random(seed);
        int sNumber = random.Next(lower, upper);
        return sNumber;
    }
}
```

```
        public string checkNumber(int userNum, int SecretNum) {
            if (userNum == SecretNum)
                return "correct";
            else
                if (userNum > SecretNum)
                    return "too big";
                else return "too small";
    }
}
```

11.5.3 创建你自己的 Web 浏览器

本实验将教你如何创建可以运行在本地计算机上的 Web 浏览器。

练习1：创建一个在本地计算机运行的浏览器

1) 启动环境，依次选择开始→所有程序→ Microsoft Visual Studio。

2) 创建新工程，依次选择 File → New → Project。

3) 从新工程窗口，创建一个新的 Visual C# Windows 窗体应用程序，命名为 "JohnDoes-Browser"。也可以用你自己的名字来替代 "John Doe"。

4) 在新创建的工程中，选择 "Form1"，使用下面列出来的值，修改相关的属性：

- Text → John Doe's Browser
- Size → 720, 640 (Width, Height)

5) 从工具箱中拖放 GUI 项 "WebBrowser" 到设计界面。该控件将完全充满设计界面。如果你不想浏览器的内容区域填充整个浏览器窗口，可以单击位于 Web 浏览器控件右上角的智能标记并选择 "Unlock in parent container"，以确保留出空间给 URL 地址和 Go 按钮。

6) 从工具箱把一个文本框和一个按钮拖到设计图面。文本框用于输入浏览器的 URL，按钮将用于调用 Web 页。请根据你的要求把地址文本框置于顶部或底部使用以下值改变控件的属性：

- Textbox: (Name) → txtURL
- Textbox: Text: http://
- 调整文本框的大小，使其足以输入大多数 Web 地址
- Button: Text → Go

7) 现在，你可以设计 Go 按钮的链接代码，双击按钮，打开代码编辑器。添加以下代码到函数原型。

```
private void btnGo_Click(object sender, EventArgs e)
{
    webBrowser1.Navigate(txtURL.Text); //Add this line of code
}
```

8) 按 Ctrl+F5 编译并执行程序，使用自己的浏览器浏览任何 URL 地址的网页，如图 11-15 所示。

9) 依次选择 Build → Batch build，单击 "Release"。所产生的 .exe 文件（在项目的 bin 文件夹中）可以在不同计算机上运行。你可以把浏览器发给你的朋友测试一下。

练习2：在浏览器上添加一个计算器

在你的网络浏览器上添加一个计算器，浏览器用户在阅读网页的时候可以使用计算器。

你也可以在浏览器中添加其他功能，例如，添加一个输出框，显示你的朋友的安全信息。

图 11-15 John Doe 的 Web 浏览器

11.5.4 创建一个 Web 应用程序

在本书中，我们将开发运行在 Web 站点上的应用软件。

1）建立一个新的 Web 站点模板。依次选择 File → Open → Web Site，如图 11-16 所示。

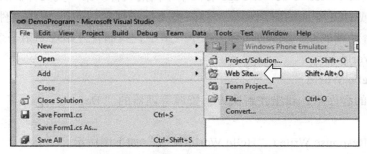

图 11-16 创建一个新的 Web 站点

2）在语言选项中选择"Visual C#"，更改位于模板下面的"File System"的位置，选定"ASP. NET Web Site"，如图 11-17 所示。

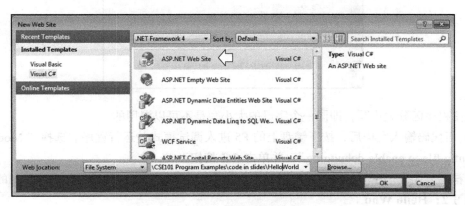

图 11-17 新的 Web 站点

3）输入"Exercise1_TeamName"作为应用程序的名字，点击 OK 按钮。

结果是显示一个新的窗口，为 Visual Studio.NET 的基本编程环境。如图 11-18 所示。

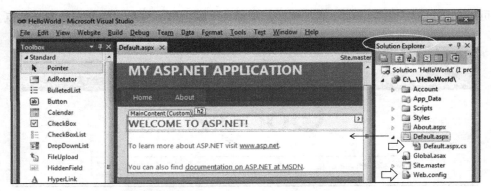

图 11-18　Visual Studio 程序运行环境

- **Solution Explorer**：提供了一个集成的可以浏览工程和文件的视图，也可以随时访问跟它们关联的命令。
- **Code Editor**：允许你输入程序代码，所有的 Visual C# 程序都以 .cs 作为扩展名。

你可以看到每个 Active Server Page 有两个不同的文件。第一类文件扩展名是 .aspx，它是 HTML 页面或 GUI 方面的应用程序。另一类文件扩展名为 .cs，该类文件是由服务器用来做所有的后台计算的 C# 文件的代码。在下一节中，我们将开始规划第一个 Active Server Page："Hello World！"

练习 1：Hello World

1）在同样的程序下，双击在解决方案资源管理器的"Default.aspx.cs"图标，打开 C# 文件。

2）输入"Response.Write（"Hello World!!"）;"如下图所示。

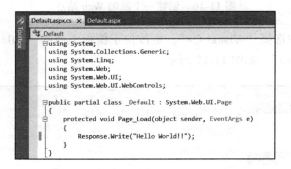

记住程序区分大小写，即同一个字母的大小写是不可以混用的。

3）当代码输入完毕后，按下键盘上的 F5 进入调试模式并运行程序。选择"Modify the Web.config file to enable debugging"，并单击 OK 按钮。

你看到了什么？在下一节中，应用程序会要求用户输入名字，然后打印出来不同的问候。

练习 2：Hello Who？

1）在进行这一部分前，先移除前面练习中添加的代码"Response.Write（"Hello World!!"）;"。

2）完成之后，开始 GUI 方面的应用程序设计。首先单击解决方案资源管理器中的"Default.aspx"图标，打开一个新的代码编辑器窗口。

3）把你的视图从"源码"切换到"设计"。(位于屏幕的左下角，点击"设计"按钮切换视图。) 完成后，你会看到如图 11-19 所示的界面。

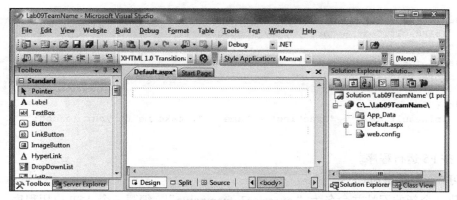

图 11-19　设计界面

4）获取用户的名字，然后显示结果，你需要添加两个标签、一个文本框和一个按钮到"Default.aspx"的网页。从位于左边窗口的面板上的"工具箱"里拖动标签到页面。

5）继续添加其他对象到页面。一旦完成，我们在属性窗口中定义每个对象并且给每个对象指定名称。

表 11-1 列出了每个对象的属性及属性值。

表 11-1　每个对象的属性及属性值

Object	(Name)	Text
Textbox1	txtName	
Label1	lblMsg	Please enter your name:
Label2	lblResult	Show result here
Button1	btnTranslate	Enter

设计后的效果如图 11-20 所示。

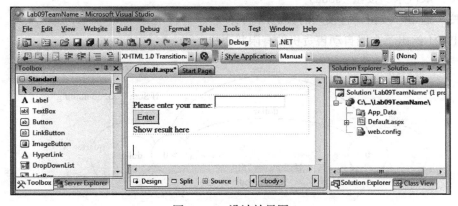

图 11-20　设计效果图

6）双击按钮，会显示代码段或隐藏代码段。输入下面所提供的类似的代码段：

```
string Name = txtName.Text;
if (Name.Equals("TA")) {
    lblResult.Text = "Hi TA, please give me a good grade on this exercise!";
}
else if (Name.Contains("Chen")) {
    lblResult.Text = "Are you my instructor?";
}
else if (Name.Length > 5) {
    lblResult.Text = "Hello" + Name + ", how are you?";
}
Else {
    lblResult.Text = "Greeting" + Name + ", take me to your leader!";
}
```

7）按 F5 运行程序。

练习 3：形状识别

创建一个新的网站并命名为"exercise3_teamname"。编写一个 ASP 应用程序，响应整数输入。

- 如果输入的整数小于 3 时，应用程序将显示消息："Please enter an integer > 2"。
- 如果输入 3，将显示："The figure is a Triangle"。
- 如果输入 4，将显示："The figure is a Rectangle"。
- 如果输入 5，将显示："The figure is a Pentagon"。
- 如果输入 6 或更大的数，将显示："The figure is a Polygon"。

11.5.5 创建一个在线自动售货机

在创建自己的在线自动售货机之前，请参考一下设计库中的例子，链接为 http://neptune.fulton.ad.asu.edu/WSRepository/CoffeeMachine/。

你可以使用有限状态机设计了一个自动售货机。假定该机器销售汽水，并有如下 4 种输入：

- 存入 25 美分（quarter）
- 存入 1 美元（dollar）
- 按"取汽水"按钮（soda）
- 按"退币"按钮，将投入的钱退出（ret）

图 11-21 给出了在线自动售货机的有限状态机。

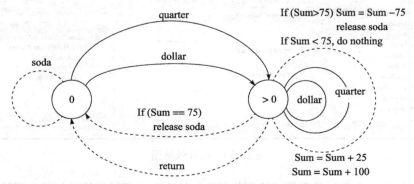

图 11-21　在线自动售货机的有限状态机

在之前,我们用 VIPLE 实现过这个自动机。这个练习的任务是用 C# 开发一个在线自动售货机。

1)设计如图 11-22 所示的窗体界面。

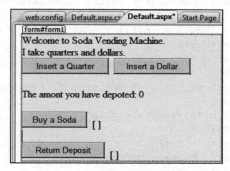

图 11-22　自动售货机窗体界面

2)按照表 11-2 定义的名称来命名对象及其所显示的文本值。

表 11-2　各个对象的名称及文本值

Object	(Name)	Text
Button1	btnQuarter	Insert a Quarter
Button2	btnDollar	Insert a Dollar
Button3	btnSoda	Buy a Soda
Button4	btnRtn	Return Deposit
Label1	lblAmount	0
Label2	lblSoda	[ ]
Label3	lblRtn	[ ]

3)双击面板的空白区域进入代码区,你可以看到以下代码模板:

```
public partial class _Default : System.Web.UI.Page
{
    protected void Page_Load(object sender, EventArgs e)
    {
    }
}
```

把下面的代码加入模板中。

```
public partial class _Default : System.Web.UI.Page
{
    protected void Page_Load(object sender, EventArgs e)
    {
        if (ViewState["Sum"] == null)
            ViewState["Sum"] = 0;
        lblAmount.Text = "0";
    }
}
```

4)双击各个按钮。你会看到每个按钮的代码模板。下面给出了代码的一部分,需要你完成剩下的代码。

```csharp
public partial class _Default : System.Web.UI.Page
{
    protected void Page_Load(object sender, EventArgs e)
    {
        if (ViewState["Sum"] == null)
            ViewState["Sum"] = 0;
        lblAmount.Text = "0";
    }
    protected void Button1_Click(object sender, EventArgs e)
    { // insert quarter
        Int32 Sum = (Int32)ViewState["Sum"];
        Sum = Sum + 25;
        ViewState["Sum"] = Sum;
        lblAmount.Text = Convert.ToString(Sum);
        lblRtn.Text = "[ ]";
    }
    protected void Button2_Click(object sender, EventArgs e)
    { // insert dollar
    add your code here
    }
    protected void Button3_Click(object sender, EventArgs e)
    { // buy a soda
        Int32 Sum = (Int32)ViewState["Sum"];
        if (Sum >= 75)
        {
            Sum = Sum - 75;
            ViewState["Sum"] = Sum;
            lblAmount.Text = Convert.ToString(Sum);
            lblSoda.Text = "Please take your soda here";
            lblRtn.Text = "[ ]";
        }
        else
        {
            lblSoda.Text = "Please deposit more money";
            lblAmount.Text = Convert.ToString(Sum);
            lblRtn.Text = "[ ]";
        }
    }
    protected void Button4_Click(object sender, EventArgs e)
    { // return fund
        Int32 Sum = (Int32)ViewState["Sum"];
        if (Sum > 0)
        {
            Sum = 0;
            ViewState["Sum"] = Sum;
            lblRtn.Text = "Please take the money here";
        }
        else
            lblRtn.Text = "You have not deposited money";
    }
}
```

在这个程序中，我们使用视图状态 ViewState["Sum"] 来存储和的值，而不是使用一个类变量。原因是服务是无状态的。保存在类变量中的值不能由页面进行下一次的访问。另一方面，只要客户不关闭浏览器窗口，一个客户端可以多次访问视图状态下的 ViewState ["Sum"] 值。

11.5.6 使用加密/解密服务建立一个安全的应用程序

在许多 Web 应用程序中，我们需要对数据进行加密和解密，来保证应用程序的安全性。在这个练习中，你将使用加密/解密的 Web 服务来创建一个应用程序，该程序包含两个 Web 页："Sender.aspx" 和 "Receiver.aspx"。

1）发送者页面从 GUI 文本输入框中获取信息。
2）它调用一个远程加密服务对信息进行编码。
3）把编码后的信息存储到 "Receiver.aspx" 页的共享变量中便于后续检索。
4）通过发送，应用程序自动将邮件传输到接收页面。
5）接收者从共享变量检索编码信息。
6）从称为解密的服务中得到原始的信息。
7）在 GUI 中显示原始消息。

在你开始编码之前，请试试链接 http://neptune.fulton.ad.asu.edu/WSRepository/Services/EncryptionTryIt/Sender.aspx 中的示例应用程序。

练习 1：实现发送者的文本加密

现在你可以按照下面的步骤来实现示例应用程序中显示的效果。

1）点击开始菜单 –> 所有的程序 –> Microsoft Visual Studio。
2）创建一个新的网站（Web Site），网站名称设为：EncryptApp。
3）通过右击页面，将 default.aspx 页重命名为 sender.aspx。
4）通过选择添加新项，添加另一个 Web 窗体，并且命名为 receiver.aspx。
5）右击你的解决方案名称并选择 Add Service Reference，如图 11-23 所示。

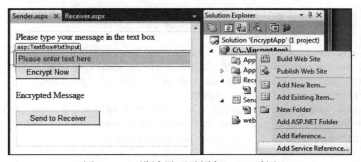

图 11-23　设计界面及添加 Web 引用

6）输入 Web Service 地址 http://neptune.fulton.ad.asu.edu/WSRepository/Services/EncryptionWcf/Service.svc，将服务器命名为 Encryptor，如图 11-24 所示。

下面提供了 Web 服务的两种方法：
- string Encrypt (string);
- string Decrypt (string);

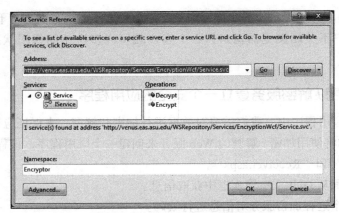

图 11-24 添加 Web 引用窗体

两种方法的参数都是 string 型，返回值也是 string 型。

7）添加文本框、标签、按钮，对象定义参考表 11-3。

表 11-3 各个对象的名称及文本值

Object	Name (ID)	Text
TextBox1	txtInput	Please enter your message…
Button1	btnEncrypt	Encrypt Now
Button2	btnSend	Send to Receiver
Label1	lblEncryptedMessage	Encrypted Message

GUI 设计完毕后，你可以开始进行 Web 应用的编程。

8）双击按钮 btnEncrypt 就会自动生成代码模板，然后，添加以下代码：

```
protected void btnEncrypt_Click(object sender, EventArgs e)
{
    // import remote Web service to do the difficult part of the work
    Encryptor.Service prxyEncrypt = new Encryptor.Service();
    // Take the message from the text box
    string msg1 = txtInput.Text;
    // Call the Encryption method in the Web service
    string msgEncrypted = prxyEncrypt.Encrypt(msg1);
    // Display encrypted message at the position of the label
    lblEncryptedMessage.Text = msgEncrypted;
    // Save the encoded message into a "Session Variable", so that
    // the Receiver.aspx page can retrieve the message
    Session["msgEncoded"] = (object)msgEncrypted;
}
```

请注意，会话变量（Session variable）是一个非常重要的概念。在 Web 应用中，它可以使不同页面之间进行通信。你需要使用相同的索引字符串 "msgencoded" 从其他网页中检索数据。只要你使用不同的索引的字符串，可以定义该类型的多个变量。

回顾以前的实验室作业在视图状态 ViewState ["strindex"] 使用的变量。这两种类型的变量也有类似的语法。然而会话变量比视图状态的变量更强大。前者允许不同的页面访问变量，后者仅允许同一页面访问变量。

9）双击按钮 btnSend 就会自动生成代码模板，然后添加以下代码：

```
protected void btnSend_Click(object sender, EventArgs e)
{
    Response.Redirect("Receiver.aspx");
}
```

这个按钮将用户重定向到 Receiver.aspx 网页。

练习 2：实现接收机解密文本

现在设计 receiver.aspx 页面。

1）切换到 receiver.aspx，网页设计界面如图 11-25 所示。加密的消息在发送方生成的页面将出现在该接收机页。

图 11-25　receiver.aspx 设计界面

2）对象定义见表 11-4。

表 11-4　各个对象的名称及文本值

Object	Name (ID)	Text
Label1	lblMessageReceived	
Button1	btnDecrypt	Decrypt Now
Label2	lblMessageDecrypted	Decrypted Message

3）在模板中添加以下代码：

```
protected void Page_Load(object sender, EventArgs e)
{
    lblMessageReceived.Text = (string)Session["msgEncoded"];
}
```

当访问页面时，这行代码将被执行。因此，它将显示存储在会话变量中的消息。"(string)"是将类型转换为字符串。会话变量能存储任何对象类型的变量，因此，有必要告诉系统所存储数据的准确类型。

4）双击按钮 btnDecrypt 并添加以下代码，当单击按钮的时候代码将被执行。

```
protected void btnDecrypt_Click(object sender, EventArgs e)
{
//import remote Web service to do the difficult part of the work
    Encryptor.Service prxyDecrypt = new Encryptor.Service();
    //Take the message from the session variable using the same index string
    string msg1 = (string)Session["msgEncoded"];
    //Check if the session variable contains any data.
```

```
    if (Session.Count==0)
    {
    // (Session.Count==0) means no data is stored by the sender
        lblMessageDecrypted.Text = "No Message to Display";
    }
    else
    {
        // Call the Decryption method in the Web service
        string decrypted = prxyDecrypt.Decrypt(msg1);
        // Display the decrypted message at the label
        lblMessageDecrypted.Text = decrypted;
    }
}
```

最后，调试并测试你的 Web 应用程序。

第 12 章

Android 手机 App 的开发

12.1 预备知识

随着网络计算技术的发展，智能物理设备如机器人和手机都通过物联网和智能物联网的概念被集成到 Web 计算环境下。物联网（Internet of Things，IoT）是一个基于互联网、传统电信网等信息承载体，让所有能够被独立寻址的普通物理对象实现互联互通的网络。这个概念最初应用于射频识别 RFID 标签来标记电子产品代码（Auto-ID 实验室）。物联网概念将物理对象无缝集成于信息网络的世界里。在这个世界中，物理对象可以成为商业活动的积极参与者。智能化的物联网（IoIT）处理有足够的计算能力的智能设备。分布式智能是 IoIT 的一部分。机器人和智能手机是典型的物联网终端设备，因为它们都具备感知物理世界的传感器，计算能力和通讯能力。

App 是 Application（应用程序）的简称。App 多指小型应用程序，特别是为 Web 环境和移动计算环境开发的应用程序。App 和简单易学的 App 开发环境出现，很大程度地改变了软件开发的模式。创意变得比编程技巧更重要。由于 Web App 和移动 App 大多由中学生和大学生下载使用，因此，在高中和大学一年级就教授 App 的开发，一定会造就更多的 App 发明家。

当前主要的智能手机 App 开发平台包括谷歌的 Android、苹果的 iPhone、微软的 Windows Phone 和黑莓的 BlackBerry Phone。根据课程要求，教师可以选择不同的智能手机作为平台来开发 App。在本章中，我们将介绍一个用可视化编程的 Android 手机 App 开发环境。

由于谷歌的 Android 手机操作系统是一个开放的平台，并在许多不同类型的手机上运行，因此存在很多开发 Android 手机 App 的环境。在本节中，我们介绍一款简单的基于 Web 和可视化编程的手机 App 开发环境：App 发明家（App Inventor）。该环境由美国麻省理工学院（MIT）开发。如图 12-1 所示，该开发环境包括三个组成部分。

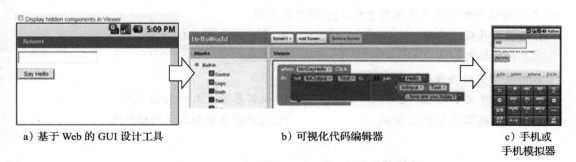

a）基于 Web 的 GUI 设计工具　　b）可视化代码编辑器　　c）手机或手机模拟器

图 12-1　App 发明家开发环境包括的三个组成部分

- **基于 Web 的 GUI 设计工具**，它可以让设计者绘制按钮、文本框、标签等作为手机

App 的用户界面。你开发的所有 App 都会被存储在 App Inventor 的服务器中。你需要注册一个谷歌的 Gmail 账号才能访问这一设计界面。
- **可视化代码编辑器**，它允许设计者编写支撑 GUI 的代码块。该代码是基于可视化编程的概念。编码就是选择和集成积木式的组件块。注意，不同的模块有不同的形状。只有形状匹配的模块才能组合。组件块的实现基于 Java 库函数。因此，你的系统必须支持 Java 运行环境。
- **手机或手机模拟器**。你可以先在模拟器上调试你的 App。当 App 可以完全正确运行后，再传到手机上。

手机编程涉及多方面的知识，包括传感器原理和编程，面向服务的计算和基于 Web 的计算。在前面的章节中，我们已经学习了各种传感器原理和编程。在本章中我们还会学到一些其他的传感器。因为智能手机不仅有计算能力，而且有互联网的通信能力，多数手机 App 都会使用面向服务的计算和基于 Web 的计算。Web 服务可以提供本地计算无法完成的功能，比如，网上购物。在本章中，我们会学习基本的 Web 计算来完成 Web App 的开发。在 App 发明家的网站（http://appinventor.mit.edu/ 或在中国的网站 http://app.gzjkw.net/）中有很多教学的范例和资源。你应该在实验前浏览一下该网站。完成本章实验后，你可以利用该网站的资源继续学习并开发真正实用的 App。

练习：在学习了前面的知识后，你需要完成下面的练习。只有完全答对这些题目，你才可以开始后面的实践环节。

1. 什么是物联网（Internet of Things，IoT）？
2. 为什么机器人和智能手机是物联网典型终端设备？
3. 机器人和智能手机有哪些相同和不同之处？
4. 什么是 App？App 的开发与传统的软件开发有什么区别？
5. 为什么面向服务的计算和基于 Web 的计算是手机 App 开发的重要方法？
6. App 发明家开发环境由哪几个主要部分组成？
7. App 发明家开发环境每部分的主要功能是什么？
8. 为什么需要安装 Java 运行环境后才能用 App 发明家来开发手机 App？
9. 本章将使用哪个手机平台来开发 App？
   A. Android　　　　　B. Blackberry　　　　　C. iPhone　　　　　D. Windows Phone
10. 本章将使用哪种工具来编写手机 App 的用户界面？
    A. 可视化代码编辑器　　　　　B. 基于 Web 的 GUI 设计工具
    C. 手机模拟器　　　　　D. 手机
11. App 发明家的编程过程是：
    A. 编写基于文本的 C# 代码　　　　　B. 编写基于文本的 Java 代码
    C. 集成可视化的 VIPLE 模块　　　　　D. 选择和集成积木式的组件块

12.2　Android 手机编程

在开发应用程序之前，需要先安装最新版的 Java SDK 和 Android 手机模拟器。软件下载网址为: http://appinventor.mit.edu/ 或在中国的网站 http://app.gzjkw.net/，下载后点击"Setup"，按照提示的步骤安装所需软件。

12.2.1 Hello World

我们先从一个简单的应用程序"Hello World"开始，通过下列步骤，来熟悉 App 发明家应用程序开发环境。

1）打开浏览器，输入网址 http://appinventor.mit.edu。

2）网页打开后，单击下面的"Invent"按钮进入设计页，输入 Gmail 账号进行登录，登录成功后，就可以打开 GUI 设计页面，如图 12-2 所示。

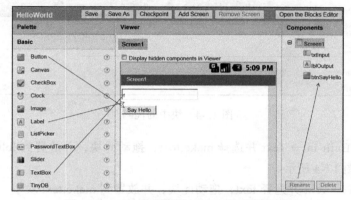

图 12-2　App 发明家的 Web GUI 设计页面

3）添加 GUI 控件。在 Palette（工具箱）中，选择"Basic"选项，把一个文本框、一个标签和一个按钮拖到设计页面，如图 12-2 中间部分所示。注意：由于标签的显示文本被清除掉了，所以在文本框和按钮之间的标签是看不见的。

4）重命名组件的名字如图 12-2 右侧所示，并修改组件上显示的文本。

5）打开块编辑器，单击图 12-2 右上角的标签"Open the Blocks Editor"，它会自动下载块编辑器。找到下载的编辑器并打开文件，显示如图 12-3 所示的窗口。

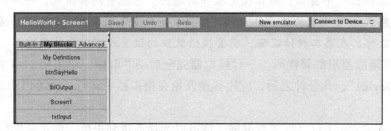

图 12-3　块编辑器

在编辑器中，"My Blocks"标签（页面的左边）将显示我们之前在 Web GUI 设计页面中已经设计好的 GUI 列表项，"Built-In"标签则显示可用的库模块。

6）现在，可以使用这些块开始我们的编程之旅了。如图 12-4 所示，单击 My Blocks → btnSayHello，选择"btnSayHello.Click"块。然后，单击 My Blocks → lblOutput 选择"lblOutput.

Text"。拖动此块，放置到 btnSayHello.Click 块中适合的位置。

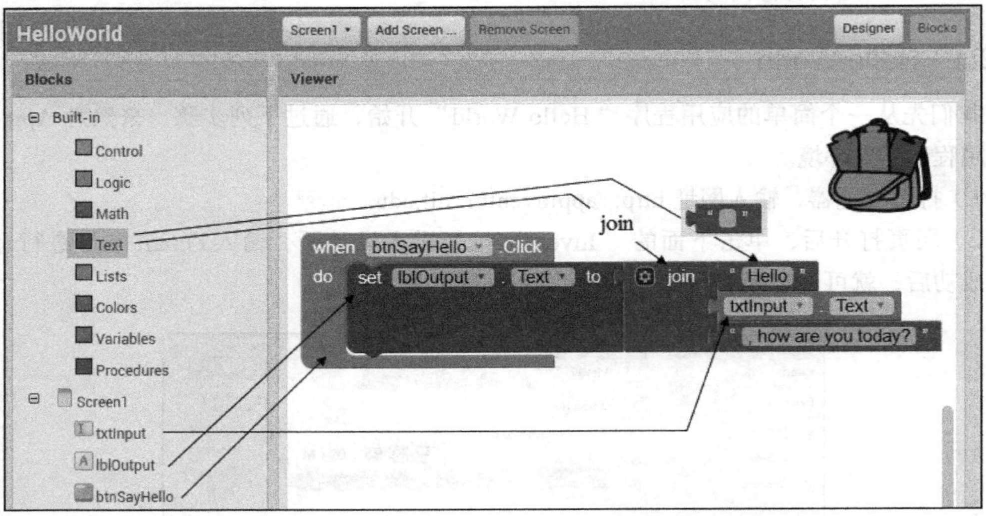

图 12-4 块中的代码

然后，单击 Built-in → Text 并选择 make.text，拖动此块，并放置到 lblOutput.Text 块中合适的位置，如图 12-4 所示。

单击 Built-in → Text 并选择 text，拖动此块，并放置到 make.text 块中，如图 12-4 所示。单击块中的单词"text"把显示文本改为"Hello,"。

单击 My Blocks → txtInput 并选择 txtInput.Text。拖动此块，并放置到 make.text 块中，如图 12-4 所示。

单击 Built-in tag → Text 并选择 text，拖动此块，并放置到 make.text 块中，如图 12-4 所示。点击块中的单词 text 并把显示文本改为 ",how are you today？"。

7）启动手机模拟器。现在我们已经完成了编码。单击图 12-4 右上角的"New Emulator"，将会启动模拟器。等待几分钟让模拟器启动。

注意：如果弹出一个窗口，请你设定软件的路径。可能有两种情况，一种是你没有按照之前的步骤安装 App 发明家软件，另一种是你安装时改变了默认的安装位置。在第一种情况下，需要安装软件。在第二种情况下，需要提供软件的位置或重新安装软件。

8）在手机模拟器里部署代码。一旦模拟器完全启动并解锁，单击图 12-4 右上角的标签"Connect to Device"，几分钟之后，应用程序开始在模拟器中运行，就可以测试我们的应用程序了。

如果你的 Android 手机已连接到电脑，你可以选择连接到手机，而不是模拟器。

12.2.2 Magic 8 Ball

开发完第一个手机应用程序"Hello World"之后，你就可以开发更复杂的应用程序了。本节将开发名为 Magic 8 Ball 的应用程序。本教程的 URL 是 http://appinventor.mit.edu/explore/teach/magic-8-ball.html。

你可以按照教程给出的详细步骤来开发实例。应用程序块中的代码显示在图 12-5 中的左边，应用程序的部署显示在右边。

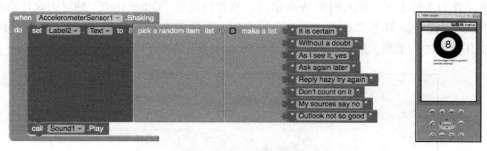

图 12-5　Magic 8 Ball

12.2.3　Paint Pic

Paint Pic 教程的 URL 为 http://appinventor.mit.edu/explore/teach/paint-pic.html。你可以按照教程给出的详细步骤来开发实例。

12.2.4　摩尔泥游戏

你已经开发了具备不同功能的手机应用程序，接下来你将开发一个名为摩尔泥游戏的互动游戏，教程的 URL 为 http://appinventor.mit.edu/explore/content/molemash.html。你可以按照教程给出的详细步骤来开发实例。

12.2.5　股票报价

在本节中，你将开发一个股票报价 App，实现从远程 Web 服务中获取给定股票的价格。教程的 URL 为 http://appinventor.mit.edu/explore/content/stockquotes.html。你可以按照教程给出的详细步骤来开发实例。

12.2.6　股票走势

在这个练习中，你将挑战更复杂的手机应用程序。股票走势 App 是基于股票报价 App 的。

股票走势 App 允许你同时查看两个感兴趣的股票，可以显示它们当前的价格和过去的价格，这样你就能判断股票的涨跌。GUI 的设计和程序在模拟器的运行结果可以参考图 12-6。

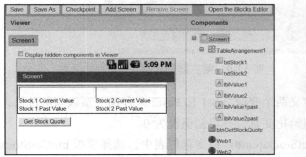

图 12-6　GUI 设计和在模拟器中运行股票走势应用程序

通过下列步骤，就可以完成本 App 的开发：

1）GUI 设计。首先，根据图 12-6 来设计 GUI。TableArrangement1 在屏幕设置抽屉里。将表格设置为 2 行 3 列。拖入两个 Web 组件，放置到位于"Other stuff"抽屉的设计画布中。

2）代码设计。单击"Open the Blocks Editor"标签来启动代码编辑器。这个标签在 Web GUI 页面的右上角。然后按照图 12-7 至图 12-9 所示的代码块来完成代码设计。

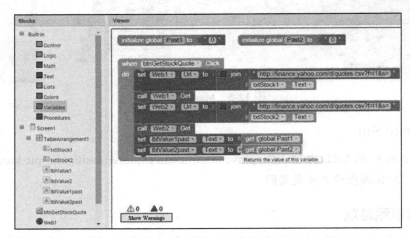

图 12-7　第一部分代码块

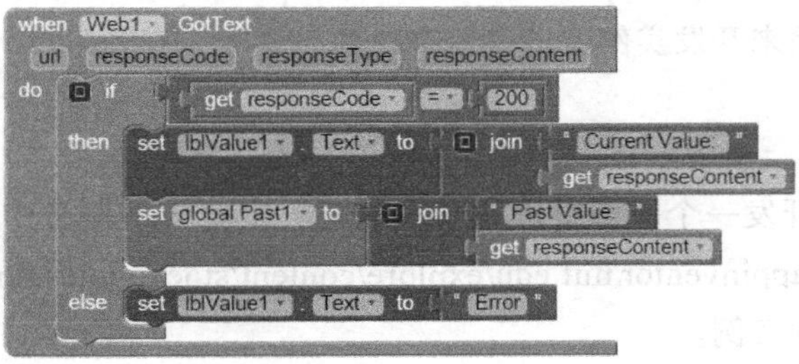

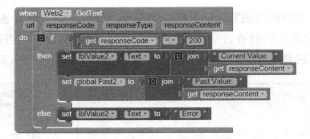

图 12-8　第二部分代码块

图 12-9　第三部分代码块

在图 12-7 中，我们先定义两个变量 Past1 和 Past2 来存储股票以前的价格，然后从 Built-in → Text 选择一个文本值初始化变量，并将初值设为 0。

单击 My Block → btnGetStockquote。在变量列表中，选择模板 btnGetStockQuote.Click。

3）单击 My Block → Web1，在变量列表中，选择 Web1.Url 和 Web.Get，Web1.Url 位于变

量列表的最后一项，通过向下滚动找到这一选项，拖动这个选项并放置到 btnGetStock-Quote.Click 模板中，然后把 Web.Get 拖放到 Web1.Url 下面，如图 12-7 所示。

单击 Built-in → Text，在可用的列表项中，选择"make.text"块，附加服务的 URL 基址和股票代码，以获取完整的服务地址。

网页服务使用的是 Yahoo 的金融服务，它可以提供股票报价服务。对于给定的股票代码，它返回相应代码的股票价格，其 API 格式为：http://finance.yahoo.com/d/quotes.csv?f=l1&s=X；在这个 URL 中，X 是要查询的股票代码，例如，如果股票代码是 IBM，完整的查询方式为：http://finance.yahoo.com/d/quotes.csv?f=l1&s=IBM。

4）对 Web2 重复步骤 3。

5）把两个变量的值赋给标签 lblValue1past.Text 和 lblValue2past.Text.，变量赋值的设定是通过 My Blocks → My Definitions 来实现的。

在程序中添加更多的块。图 12-8 显示的是已经添加好的代码块。在这一部分代码中，我们通过访问 Web1 获取返回值（股票价格）并显示在标签上。

我们需要验证 Web 服务的返回值的正确性。如果响应代码值是 200，返回值就是正确的。否则，就是错误的。我们可以使用一个在 Built-In → Control 中的"ifelse"块来判断响应代码的返回值是否为 200，如果是，我们把字符串"Current value:"和"Past value:"连接起来，显示在各自的标签上。

6）对 Web2.GotText 重复步骤 6，代码如图 12-9 所示。

在 App Inventor 网站上还有很多类似的教程及习题，指导我们一步一步地开发有用且有趣的应用程序。

对比基于语言的应用程序开发，可视化开发比较简单、直观，然而，对于开发各种功能更为复杂的程序，它缺乏一定的灵活性。

12.2.7 射盘子游戏

在本节中你将开发一个类似打鼹鼠的游戏，不同的是目标会随机出现和移动。新建一个名为"DishShooting"的工程，从所显示的组件开始开发，如图 12-10 所示。

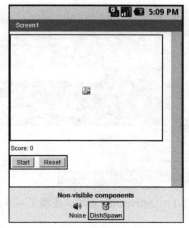

图 12-10　组件和 App

组件属性见下表。

组件	见于	可变熟悉	数值
Canvas(Canvas)	Drawing & Animation	Width, Height	300 pixels,300 pixels
Dish(Sprite)	Drawing & Animation	Visibility, heading, interval speed, width, height	不可见，0, 0, 0, 50 pixels, 50 pixels
ScoreLabel(Label)	User Interface	Text	"Score: 0"
HorrizontalArrangement	Layout	—	—
StartButton(Button)	User Interface	Text	"Start"
ResetButton(Button)	User Interface	Text	"Reset"
Noise(Sound)	Media	—	—
Spawn(Clock)	Basic	Interval	500

1）通过点击"Built-in"→"Procedures"来添加一个block，并将它命名为"moveDish"。

2）点击"Blocks"→"Dish"，并添加Dish.visible block、Dish.heading block和Dish.speed block。

3）点击"Built-in"→"logic"并添加一个"True"block，它会让这个盘子变得可见。在Math section中找到两个调用随机整数，把Dish.heading的第一个随机整数设为0，第二个设为360（度）。设Dish.Speed的第一个随机整数为4，第二个为15（这使得盘子将出现，然后以一个随机速度向一个随机的方向飞行）。

4）你需要设定一个随机位置来生成盘子。点击"Blocks"→"Dish.MoveTo"。从"Built-in"→"Math"里加上两个乘法block，在乘法的前半部分加上一个随机小数（相同的Math section）。

5）从相同的Math section添加一个减法，并做My Canvas.width-Dish.Width的减法。对Height做同样操作，并确保Width加到了MoveTo的X上，Height加到了Move To的Y上。

6）由于盘子朝随机方向移动，你需要决定当盘子飞进或飞出画布时做什么。在Block的Dish section下，选择Dish EdgeReached block，它会自动创建一个"edge"的定义。在相同的section下，找到Dish.Bounce block并加上一个EdgeReached block里的"edge"block。

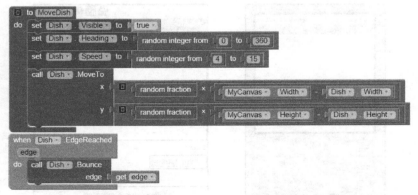

图12-11　MoveDish程序（步骤1~5）和Dish.EdgeReached程序（步骤6）

7）现在你需要一种方法来测试和启动你的游戏。你要给两个按钮都添加功能。Start按钮会开启游戏，Reset 按钮会清空分数，重置盘子的位置并确保它在未运行时不会使用手机的内存。首先，在"Block's"→"StartButton"找到并添加 when StartButton.Click。添加你刚在 when StartButton.Click block 里完成的 call MoveDish 程序。测试一下程序。它应该可以启动并且盘子可以在画布的边缘反弹。

8）在"Built-In"→"Variables"section 里新建一个变量并命名为"score"。在"Math"section 里找到并添加一个 number block，将它的值设为"0"。

9）从"Built-In"→"Procedures"中创建一个过程并命名为"updateScore"。在这个 block 中，从"Block"score label section 中添加 scoreLabel.Text block，并从"Build-In"→"Text"中添加一个 text block。从 Text section 添加一个 text block 到第一个 socket 里，并将 text 改为"Score:"。在第二个 socket 里，找到"Variables"block 并放入一个"get Score"。

10）在 Blocks tab 里找到 resetButton 并添加一个"when clicked"block。在这个 block 中，添加 dishes call MoveTo，设置速度和盘子的可见性。添加一个"Math"number block 到 MoveTo 中。把这些 block 设成"0"。提示：在点击一个带有打开 socket 的 block 后，输入一个 number 或者"true"和"false"会自动添加一个 number block 或者 logic block。

11）添加一个"Built-In"Logic false 到 set dish visible block 里。

12）从 Block 的 Variable section 中，添加一个 set global variable"score"block，调用 UpdateScore 和 DishSpawn.TimerEnabled（时钟组件）Block。从 Block 的 DishSpawn 添加 ResetButton。添加一个 number block 到"score"block 里并设初始值为 0，添加一个 false logic block 到 DishSpawn.TimerEnabled。Reset 按钮现在可以重置游戏了。

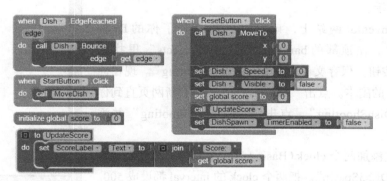

图 12-12　when StartButton.Click（步骤 7），score variable（步骤 8），UpdateScore procedure（步骤 9），when ResetButton.Click（步骤 10～12）

13）现在这个游戏是通过按钮交互的，你需要给画布添加可交互部分。从"Blocks"→"Dish"里添加一个 Dish.Touched。在这个 block 中，从"My Definitions"里添加一个 set global"score"，并添加一个"Math"addition block。在这个 addition block 的两个 socket 里添加一个 global"score"和 number"1"block。现在可以计算分数了，但是你需要确保 label 已经更新了，因此从 Procedures 里添加一个 call UpdateScore block。

14）从"Blocks"→"Noise"里添加一个 Noise.Vibrate block，并把一个 number"100"block 连到它上面，然后添加一个 Dish.speed 和 Dish.visible block 到 when touched block 中的 current sequence 里。把速度设为 0，并把可见性设为 false。这确保了它不会移动并且用户在射

中它以后得分不超过 1 分。最后，从 Blocks DishSpawnTimer（clock）里添加一个 DishSpawn.TimerEnabled，并设为 true，这将激活 clock。

15）使用计时器。找到一个 when DishSpawn.Timer，在其中添加一个 set DishSpawn.TimerEnabled，并将其值设成 false，再从 Procedures 里添加一个 call MoveDish block。这个 block group 会停止计时器，激活盘子并使其重新可见。现在程序完成了。

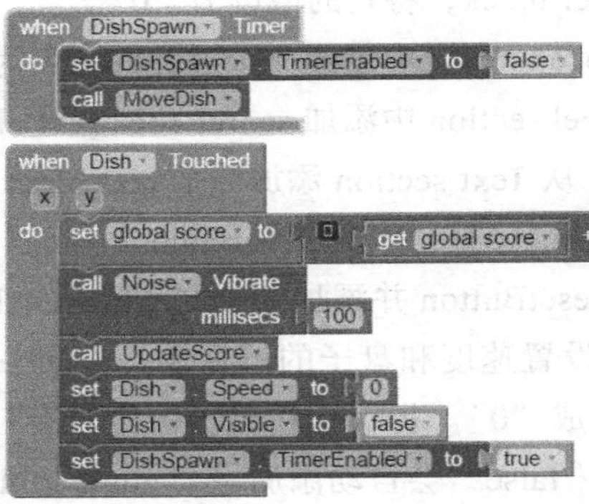

图 12-13　when Spawn.Timer（步骤 13），when Dish.Touched（步骤 14 和步骤 15）

12.2.8　射击多个盘子

在之前的练习中你学习了怎么让一个盘子出现并随机移动。在这个练习中我们会学习怎么对多个盘子做同样的事情，如图 12-14 所示。

在 App Inventor 网站上，确保你已经打开了你的 DishShooting 程序。在顶部的 bar 下面的"My Projects"里找到"Save As"按钮。保存文件为"MultiDishShooting"。现在你有了原始文件的副本。点击"My Projects"并刷新网页直到你看到"MultiDishShooting"。点击"MultiDishShooting"并添加下面的组件。

让我们先添加两个 clock（Basic tab），分别命名为"Dish2Spawn"和"Dish3Spawn"。把两个 clock 的 interval 都设成 500。

添加两个 sprites（Animation tab）并设它们的宽度和高度为 50 pixel，速度、标题和 interval 设为 0，可见性设为 UNCHECKED。这个图片可以和原来的一样也可以不同。

注意：这个教程是针对 3 个盘子的，但是同样的过程可以用来复制更多的盘子。总之，你只需要修改开始和重置按钮的代码，并复制一些程序。

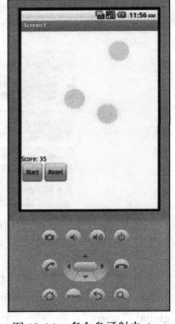

图 12-14　多个盘子射击 App

在给多个相似的对象编程时，创建一个程序然后调用它要比一直调用指令简单。不要忘记在编程每个对象时要足够具体。比如 Dish1.Visible 和 Dish2.Visible 不同。（"DishX"会被用来指代所有的盘子因为你用了 X 个盘子。）

1）复制你的 moveDish 程序，你想要几个盘子就复制几次。在图 12-15 中可以看到这个程序里只有 4 个 block，分别是 Visible、Heading、Speed 和 MoveTo（全部都在 My Blocks → DishX 里）。所有的 Number（Built-In → Math）和 True（Built-In → Logic）是相同的。再一次确保所有的 block 都适当标记了，并记住所有的 Dish 对象，如图 12-16 所示。

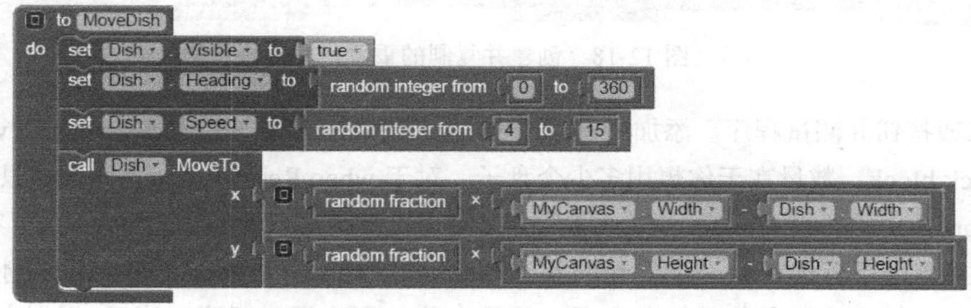

图 12-15　要复制到其他 MoveDishX 程序的原来的 MoveDish

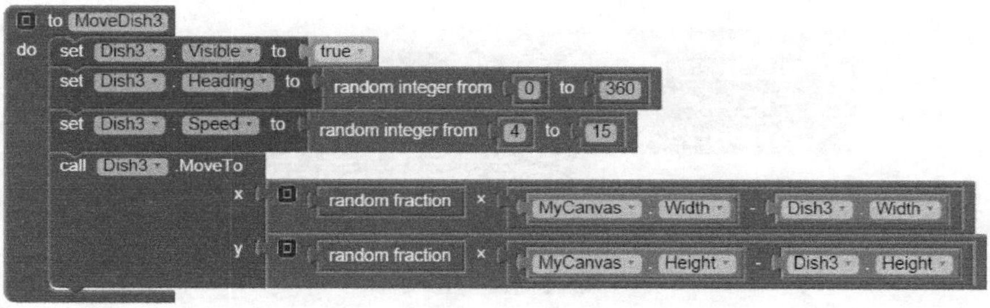

图 12-16　Dish3 的 MoveDish3，观察到每组是"Dish3"而不是"Dish"（步骤 1）

2）复制 when Timer(Blocks → DishXSpawn) 和 when EdgeReached block（Blocks → DishX）。别忘了每个定义都要不同。（在 Built-In → Procedures 找到 Procedures，在 Built-In → Logic 里找到 false。）

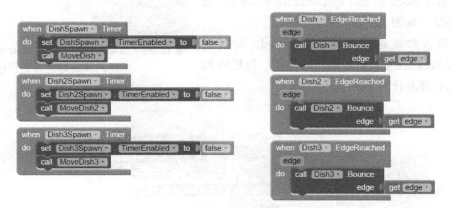

图 12-17　复制和修改计时器和 Edge Reach

3）现在添加一个重置程序（Built-In → Procedures）给每个盘子。对于每个盘子，你需要它的 moveTo block（Blocks → DishX，x 和 y 均设为 0），它的 speed（Blocks → DishX，设为 0）和 visibility（Blocks → DishX）设为 false（Built-In → Logic），如图 12-18 所示。

图 12-18　创建并复制的重置程序

4）修改按钮并测试程序。添加所有 moveDish 程序（Built-In → Procedures）到 when StartButton.Click block，数量在于你想用多少个盘子。对于 when ResetButton，你现在只有一个设为 0 的 score，一个 call updatescore，设所有 dishSpawn.TimerEnabled(Blocks → 所有 DishX) 为 false，并调用所有你在前一步创建的 dishResets(Built-In → Procedures)。可以测试一下你的程序并确保启动后每个盘子都会出现，并且在移动至边界时回弹。当 Reset 按钮按下时，盘子不可见，如图 12-19 所示。

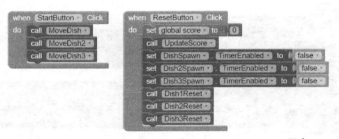

图 12-19　StartButton.Click 及 ResetBotton.Click 程序

5）你现在要添加一个名为 add1 to Score 的新程序（Built-In → Procedures）。这个程序会节约你调用所有需要添加和更新 score 的 block 的时间。在原来的 when Dish.Touched block 里，将 score block、noise block 和 call updateScore block 移至新的程序里，如图 12-20 所示。

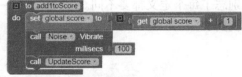

图 12-20　拖动 score、Noise.Vibrate 和 UpdateScore block 移至新的程序

6）修改并重建 when Dish.Touched。对其他的 DishX.Touched block 做相同的操作，但记得加上恰当的程序和计时器。

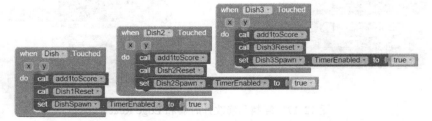

图 12-21　修改所有的 Dish 对象修改

12.2.9　打砖块游戏

在本节中，你将完成从一块板发射一个球来反弹碰击墙壁和砖块的游戏。玩家的任务是

打完所有的砖块并不让球撞到底部地面上,如图 12-22 所示。

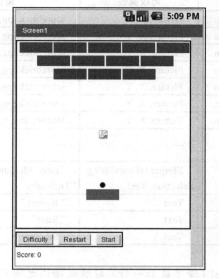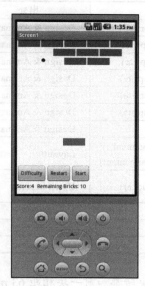

图 12-22　打砖块游戏

我们仍从组件开始。首先创建砖块,从启动按钮→ All Programs → Accessories → Paint 来打开 Paint。你需要做一个红色的砖块,它的宽度是 60 pixel,高度是 20 pixel,然后用 paint bucket 工具来填充红色,如图 12-23 所示。保存红色的砖块为"playerBrick.jpg",保存其他砖块为"scorebrick.jpg"。然后做一个宽度为 320 pixel,高度为 5 pixel 的长方形并绘制为白色。保存这个白色长方形为"loseline.jpg"。

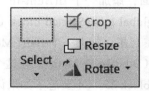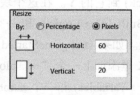

图 12-23　绘制砖块并填充颜色

下表列出了应用程序中的组件及它们对应的属性。

组件	出处	可改属性	属性值
Canvas1(Canvas)	Drawing & Animation	Width, Height	"Fill Parent", 360 pixels
Ball1(Ball)	Design & Animation	X, Y (position)	150, 260
PlayerBrick(sprite)	Design & Animation	Picture, X, Y	playerbrick.jpg, 125, 275
BScoreBrick(sprite)	Design & Animation	Picture, X, Y	scorebrick.jpg, 3, 0
BScoreBrick2(sprite)	Design & Animation	Picture, X, Y	scorebrick.jpg, 65, 0
BScoreBrick3(sprite)	Design & Animation	Picture, X, Y	scorebrick.jpg, 128, 0
BScoreBrick4(sprite)	Design & Animation	Picture, X, Y	scorebrick.jpg, 190, 0
BScoreBrick5(sprite)	Design & Animation	Picture, X, Y	scorebrick.jpg, 253, 0
MScoreBrick6(sprite)	Design & Animation	Picture, X, Y	scorebrick.jpg, 35, 25

（续）

组件	出处	可改属性	属性值
MScoreBrick7sprite)	Design & Animation	Picture, X, Y	scorebrick.jpg, 98, 25
MScoreBrick8(sprite)	Design & Animation	Picture, X, Y	scorebrick.jpg, 161, 25
MScoreBrick9(sprite)	Design & Animation	Picture, X, Y	scorebrick.jpg, 224, 25
FScoreBrick10(sprite)	Design & Animation	Picture, X, Y	scorebrick.jpg, 65, 50
FScoreBrick11(sprite)	Design & Animation	Picture, X, Y	scorebrick.jpg, 128, 50
FScoreBrick12(sprite)	Design & Animation	Picture, X, Y	scorebrick.jpg, 191, 50
loseLine(sprite)	Design & Animation	Picture, X, Y	loseline.jpg, 0, 310
HorizontalArrangement (Horrizontal Arrangement)	Layout	—	—
Difficulty (ListPicker)	User Interface	ElementsFromString, Selection, Text	"Easy, Medium, Hard", "Easy", "Difficulty"
Restart(Button)	User Interface	Text	"Restart"
Start(Button)	User Interface	Text	"Start"
Score (Label)	User Interface	Text	"Score: 0"

注意：每块砖都和前一块相距63 pixel（除了最后一行）应确保砖块之间存有空隙。

1）从Built-In→Variables创建4个variable block。命名它们：gameStarted——添加一个Boolean类型的false（Built-In→Logic），score——添加一个number block 0(Built-In→math)，remainingBricks——添加一个number block 12（如果你有超过12块砖，把这个设成具体的砖块数量），brickValue——添加上一个number block 0。

2）添加一个PlayerBrick.Dragged block (Blocks→PlayerBrick)，在它里面添加一个PlayerBrick.MoveTo(相同的目录)，并添加一个"currentX"(Built-In→Variables)到它的X，"PlayerBrick.Y" (Blocks→PlayerBrick)到它的Y。在这个块下面，添加一个If(Built-In→Control)，再添加一个"not" block（Built-In→Logic）和一个global gameStarted block（Built-In→Variables）到它的test secton里。如果（not gameStarted）在If里，加上一个Ball1.MoveTo block（Blocks→Ball1），并在它的X里添加上一个"+"block（Built-In→Math）。在这个block里，加上一个"currentX"(Built-In→Variables)和一个number block 25。（不要忘了如果你输入+，-，false，true或者一个数字并按了回车，程序会生成一个math或者boolean的block。）把Ball1的Y设成Ball1.Y (Blocks→Ball1)。你现在应该可以拖动playerBrick和球了。

上述步骤的程序如图12-24所示。

3）添加一个Start.Click block(Blocks→Start)，并加上4个if block(Built-In→Control)。一个if block会嵌套其他三个if block。在外部if block里加上一个not block（Built-In→Logic）和一个global gameStarted block (Built-In→Variables)到if section。从第一个内部的if开始，除了修改不同的组件，其他两个if会和它的处理一模一样。添加一个"="block (Built-In→Logic)并添加一个Difficulty.Selection(Blocks→Difficulty)和一个文字为"Easy"的Text block（Built-In→Text）。在这个内部的if里，添加一个Ball1.Speed (My Blocks→Ball1)到一个number block 10。如果游戏还没开始并选择了easy，它会把球速设成10。你需要去其他两个if block做相同的事情。在第二个里面，把文字改成"Medium"并把Ball1.Speed设成15。在第三个里，改文字为"Hard"并设Ball1.Speed为25。在所有if之外但在

Start.Click 内，添加一个 set global gameStarted（Built-In → Variables），设为 true。最后，设置它的方向，添加一个 Ball1.Heading（Blocks → Ball1）并设它为一个从 120 到 150 的随机整数（这三个 block 在 Built-In → Math 中找到）。

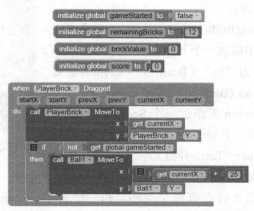

图 12-24　创建 variables（步骤 1）和添加移动到 PlayerBrick（步骤 2）

4）现在给小球添加一个功能。添加一个 Ball1.EdgeReached block（Blocks → Ball1），在其内部添加一个 Ball1.Bounce（同一目录）并将相同的"Edge"添加到这个 Bounce block 里。添加一个 Ball1.CollidedWith (Blocks → Ball1)，在其中添加一个 Ball1.Heading block（Blocks → Ball1）并添加一个"–"block（Built-In → Math）。在这个 block 中，添加一个 number block 360 和一个 Ball1.Heading block (My Blocks → Ball1)，这个函数应为 360–Ball1.Heading。这个函数把球往相反方向重定向。

5）添加一个 loseLine.CollidedWith(My Blocks → loseLine) 并在内部添加一个 Score.Text block（Blocks → Score），它有一个相连的 make text block（Built-In → Text）。添加一个 Text block(Built-In → Text) 并将文字修改为"You Lose, Score:"，在它下面附加一个 global "score" block(Built-In → Variables)，一个名为"Remaining Bricks"的 text block(注意在 R 之前的两个空格)和一个 global "remainingBricks block（Built-In → Variables）。添加一个 Ball1.Speed block（Blocks → Ball1）并将值设为 0。

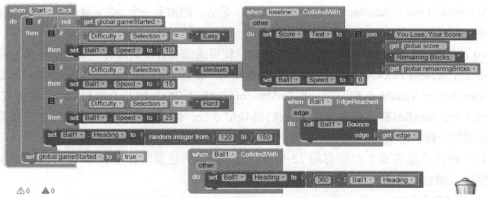

图 12-25　添加功能到启动按钮（步骤 3），添加撞击效果（步骤 4），当球撞到 loseLine 时，玩家失败（步骤 5）

6）添加一个过程 block（Built-In → Procedures）并将它命名为 "ResetBrickPosition"。在其中你要添加所有砖块的 BrickX.MoveTo 和 BrickX.Visible block，如图 12-26 所示。注意：这只是 12 个中的 3 个，坐标可以在组件 section 里找到。

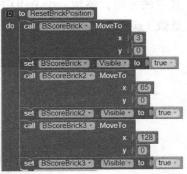

7）添加一个过程 block(Built-In → Procedures) 并命名它为 "updateScore"。在其中添加一个 if else block（Built-In → Control）并设它的 "if" 为 "="（Built-In → Logic）嵌套一个 global remainingBricks (Built-In → Variables) 和一个 0 number block。在 then section 里添加一个 Score.Text block (Blocks → Score)，它连着一个 text block（Built-In → Text）。附加一个 Text block（Built-In → Text）并将文字改为" You Win! Score:"，下面是一个 global "score"，一个名为 "Remaining

图 12-26 添加过程来重置所有的砖块位置（步骤 6）

Bricks" 的 text block（注意 R 前面有两个空格）和一个 global "remainingBricks" block (Built-In → Variables)。添加一个 Ball1.Speed block（Blocks → Ball1）并设它为数字 0。在 else section 中附加一个 Text block (Built-In → Text) 并将文字改为 "Score:"，添加一个 global "score" block (Built-In → Variables)，一个为 "Remaining Bricks" 的 text block（注意 R 前面有两个空格）和一个 global "RemainingBricks" block (Built-In → Variables)。

8）添加一个 Restart.Click block(Blocks → Restart)，在其中，添加一个 set global gameStarted（Built-In → Variables）到 false（Built-In → Logic），一个 Ball1.Speed block (Blocks → Ball1) 到数字 0，一个 Ball1.MoveTo (Blocks → Ball1) 并把它的 X 设为数字 125，Y 设为数字 260，一个 PlayerBrick.MoveTo (Blocks → PlayerBrick) 并把它的 X 设为数字 125，Y 设为 275，一个 call ResetBrickPosition (Built-In → Procedures)，一个 set global score（Built-In → Variables）(例子里用了 12)，还有一个 call updateScore block (Built-In → Procedures)。

9）添加一个过程 block(Built-In → Procedures) 并命名为 "addtoscore"。添加一个 set global "score" block(Built-In → Variables) 和一个 "+"（Built-In → Math）。附加上一个 global score 和 brickValue 到 socket(Built-In → Variables)。在 set score block 下面，添加一个 set remainingBricks block 并附加上一个 "-"(Built-In → Math)。附加上一个 global remainingBricks(Built-In → Variables) 和一个 number 1 block(function: remainingBricks -1)。最后，附加上一个 call"updateScore"block (Built-In → Procedures)。

10）在测试之前，你需要添加另一个函数，使得砖块在打中后得分并消失。下面，你会看到图中每个砖块的 BrickX.CollidedWith 和 BrickX.Visible (Blocks → BrickX)，一个 set brickValue block (Built-In → Variables) 和一个 call "addtoscore" block (Built-In → Procedures)。注意 F(Front) 砖块值 1 分，M(Mid) 砖块值 3 分，B(Back) 砖块值 5 分，你可以任意设砖块的分数。注意：你必须完成每个砖块的 when collided block，图 12-28 只给出了 12 个 block 中的 3 个。

11）在你已经完成上面所有的 12 个砖块后（设定的任意的砖块数），你可以在模拟器里测试程序。检查并确保：

- 所有难度都正常。
- 所有按钮都正常。

Android 手机 App 的开发

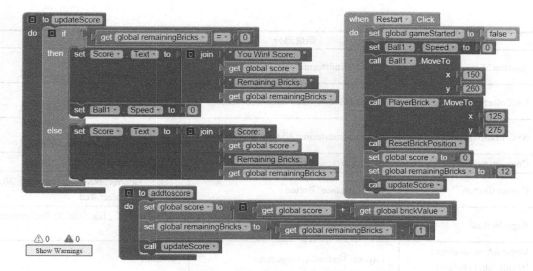

图 12-27　添加函数到重置按钮（步骤 7），添加一个"updateScore"过程
（步骤 8），并添加一个"addtoscore"过程（步骤 9）

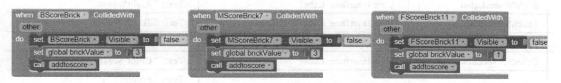

图 12-28　每行的 brickX.CollidedWith block 只显示了 12 个 block 中的 3 个

- 在球击中砖块后，球会反弹，砖块会消失。
- 在发射后，球向左向右都可以移动。
- 在击中后分数会更新。
- 当球落到玩家砖块下面时就输了。
- 当没有剩余的砖块时玩家获胜。

12.2.10　使用 App Inventor 编程 NXT Robot

到目前为止，你应该已经可以理解如何有创意地使用 App Inventor 了。因此，为了提供一个基本的模板，我们将详细介绍 NXT 组件的工作原理及调试方法。下表列出了程序中常用的组件。

组件名	组成部分	配置
BluetoothClient1	Connectivity: BluetoothClient	Default
UpdateTimer	User Interface: Clock	Time Interval: 150
NxtDriveLeftMotor	LEGO Mindstorms: NxtDrive	Bluetooth Client: BluetoothClient1 DriveMotors: C
NxtDriveRightMotor	LEGO Mindstorms: NxtDrive	Bluetooth Client: BluetoothClient1 DriveMotors: B

（续）

组件名	组成部分	配置
NxtTouchSensor1	LEGO Mindstorms: NxtTouchSensor	Sensor Port 1, Bluetooth Client: BluetoothClient1
NxtColorSensor1	LEGO Mindstorms: NxtColorSensor	Sensor Port 3, Bluetooth Client: BluetoothClient1
NxtUltraSonicSensor1	LEGO Mindstorms: NxtUltraSonicSensor	Sensor Port 4, Bluetooth Client: BluetoothClient1
ConnectionListPicker	User Interface : ListPicker	Visible: Hidden
ConnectButton	User Interface: Button	Text: "Connect NXT", Text Size: 30, Background Color: Red
BeginButton	User Interface: Button	Text: "Begin", Text Size: 30, Background Color: Gray
VerticalArrangement1 [Holds labels below]	Layout: VerticalArrangement	Default
FeedBackTitle	User Interface: Label	Text: "Values"
LeftWheelLabel	User Interface: Label	Text: "LeftWheel: "
RightWheelLabel	User Interface: Label	Text: "RightWheel: "
TouchSensorLabel	User Interface: Label	Text: "Touch Sensor: Not Pressed"
UltraSonicSensorLabel	User Interface: Label	Text: "UltraSon Distance: "
ColorSensorLabel	User Interface: Label	Text: "Color Sensor Value: "
Prompter [OutsideVert. Arrange.]	User Interface: Label	Text: "Prompt: ", Text Size: 20, Text Color: Red
TableArrangement1 [Holds buttons below]	Layout: TableArrangement	Rows: 3, Columns: 3, Width and Height: Fill parent.
ForwardDrive	User Interface: Button	Text: "Forward", Text Size: 30, Height:50 Pixels, Width: 100 Pixels
LeftTurn	User Interface: Button	Text: "Left", Text Size: 30, Height: 50 Pixels, Width: 75 Pixels
RightTurn	User Interface: Button	Text: "Right", Text Size: 30, Height: 50 Pixels, Width: 75 Pixels
Backwards	User Interface: Button	Text: "Backward", Text Size: 30, Height:50 Pixels, Width: 100 Pixels
Stop	User Interface: Button	Text: "Stop", Text Size: 30, Height: 50 Pixels, Width: 75 Pixels
SwerveRight, SwerveLeft, LeftBack, RightBack	*User Interface: Button* [Note that these 4 are optional].	*Text: "[any of the 4]", Text Size: 30, Height:50 Pixels, Width: 75 Pixels*

1）从你的机器人和 Android 设备配对开始。在两个设备上都启用蓝牙，然后让 Android 设备搜索蓝牙设备。蓝牙设备可能会显示为一个 MAC 地址，因而你需要敲几个字母来更新名字。这步完成后，连接到你的特定 NXT 上。你的 NXT 会要求你在手机上输入 4 位密码，之后你必须在 NXT 确认这个密码。

2）注意你只配对了机器人，你还必须确保 App 知道它连接好了。从 blocks menu → Variables → initialize global ["ConnectionMade"] 添加一个 variable 到 [Blocks → Logic->false]。从 blocks menu 选择 ConnectionListPicker → when "ConnectionListPicker.BeforePicking"，并在其中放上一个 control → if block。点击有一个白色正方形轮廓线的蓝色方块，并将 else block 拖进 if-block。这让它成了一个 "if else" block。在 "if" 区域，放一个 Logic → [BluetoothClient1. AddressAndNames] = [0] block。在 then 区域，放一个 blocks → Prompter.set.Text 到 ["Prompt: You must pair your phone to an NXT."]。并在 else 区域，放一个 blocks → ConnectionListPicker. set.Elements 到 [blocks → BluetoothClient1.AddressesAndNames]。

3）添加一个 blocks → when ConnectionListPicker.AfterPicking，并在其中添加一个 control → if block。设 "if" 部分为 blocks → call.BluetoothClient1.Connectaddress [blocks → ConnectionList-Picker.Selection]。这使得你的 Android 可以连接到它配对的设备。在 "then" 部分，添加一个 blocks → ConnectButton.set.BackgroundColor to [colors → green]，以及一个 variable → set. ConnectionMade 到 [Logic → true]。

4）最后，添加一个 Blocks → when.ConnectButton.Click，并在其中添加一个 if else control block。记住，if else block 不存在，你必须拖一个 if block 然后用蓝色方块来配置它。在 "if" 部分添加一个 Blocks → BluetoothClient1.IsConnected block，在 then 里添加一个 Blocks->call. BluetoothClient1.Disconnect 和一个 Blocks → set.ConnectButton.BackgroundColor 到 [colors → red]。并在 else 区域里，添加一个 Blocks → call.ConnectionListPicker.Open。测试你的蓝牙连接，你应该能够在按下连接按钮后选择你的设备。通过点击 Build → Save .apk to my computer（如图 12-29 所示）建立你的程序。当然模拟器可以从 Connect → Emulator 正常运行。

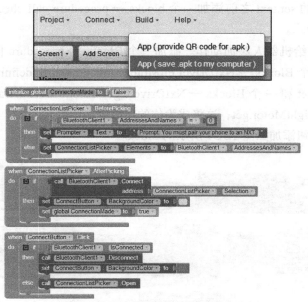

图 12-29　Android 应用的蓝牙配置

5）现在添加 6 个新的 variables: Blocks → variables.initialize.global[variable] 到 [value], 1: [DebugBegan] 为 [false]，2: [RightMotor] 为 [0], 3: [LeftMotor] 为 [0], 4: [UltraSonicSensor]

为[0]，5: [ColorSensor]为[0]和TouchPressed为["Not Pressed"]，如图12-30所示。

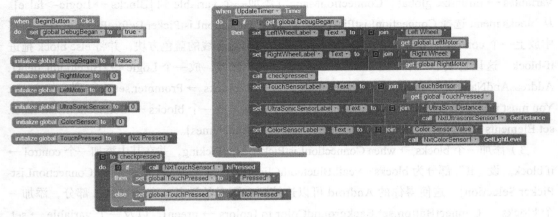

图12-30 调试器部分

6）现在添加一个Blocks → when.BeginButton.Click，并添加一个Blocks → variable set. DebugBegan为[true]。然后添加一个Blocks → Procedure ["checkpressed"]，并在其中添加一个control → if block并配置它为一个if else。在"if"部分添加一个Blocks → NxtTouchSensor1. call.IsPressed，在"then"部分里添加一个Blocks → variable TouchPressed.set. ["Pressed"]，并在else里添加一个Blocks → variable TouchPressed.set.to ["Not Pressed"]。

7）添加一个Blocks → UpdateTimer.when.Timer并在其中添加一个control → if block，设"if"部分为Blocks → variable DebugBegain.get，并添加5个Blocks → [Particular Label].set.texts。然后在接触传感器的set.text之前添加一个blocks → procedure call checkpressed。再三检查图12-30中的每个操作。

8）最后你需要给机器人添加动作。添加一个Blocks → procedure ["NxtMove"]并在"do"区域里添加一个Blocks → NxtDriveLeftMotor.MoveForwardIndefinitely power: Blocks → Variable LeftMotor.get和一个Blocks → NxtDriveRightMotor.MoveForwardIndefinitely power: Blocks → Variable RightMotor.get；这将成为你的通用驱动函数。

9）为相应的按钮添加如图12-31所示的block。

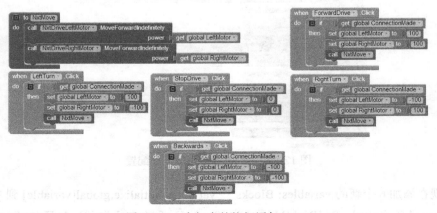

图12-31 为相应的按钮添加block

下表列出了本例中用到的具体数值。

Button	Right Motor	Left Motor
Forward	100	100
Stop	0	0
LeftTurn	−100	100
RightTurn	100	−100
Backwards	−100	−100

这里总结了调试工具。你可以使用调试工具自主化编程你的 NXT。你必须使用传感器的 block，并记住只要把电机的 power 设为 0 就可以停止一个一直移动的 block。这对于确保移动一个特定距离非常有帮助。

12.2.11 猜数游戏

在本节中，你将实现一个简单的猜数游戏。玩家会设一个整数的上限和下限，并生成一个秘密数。然后，输入一个猜的数。结果将告诉玩家这个猜的数是太大了还是太小了，或猜对了。根据如下算法来创建一个猜数游戏。

```
public class NumberGuess {
    public int SecretNumber(int lower, int upper) {
        DateTime currentDate = DateTime.Now;
        int seed = (int)currentDate.Ticks;
        Random random = new Random(seed);
        int sNumber = random.Next(lower, upper);
        return sNumber;
    }
    public string checkNumber(int userNum, int SecretNum) {
        if (userNum == SecretNum)
            return "correct";
        else
            if (userNum > SecretNum)
                return "too big";
            else return "too small";
    }
}
```

1) 根据图 12-32 所示的用户界面来设置用户界面的组件。使用下表来确定在用户界面上要使用的组件。

组件	见于	可改属性	数值
Title(Label)	User Interface	FontB0old, FontSize, Text	Checked, 18.0, "Welcome to the Number Guessing Game"
LLimit(Label)	User Interface	Text	"Lower Limit"
LLimitBox(TextBox)	User Interface	—	—
ULimit(Label)	User Interface	Text	"Upper Limit"
ULimitBox(TextBox)	User Interface	—	—

组件	见于	可改属性	数值
SNumber(Button)	User Interface	Text	"Generate a Secret Number"
GuessLabel(Label)	User Interface	Text	"Make a Guess"
Horizontal Arrangement	Layout	—	—
ALabel(label)	User Interface	Text	"Attempts - The Number is"
ANLabel(label)	User Interface	Text	blank

2）移到 Blocks 窗口。通过从 Built-In → Variables 里选择 initialize global variable block 来定义 4 个 Global Variables。这 4 个 Global Variables 应代表用户定义的秘密数的上限和下限，以及生成的秘密数本身和用户输入的数。将它们分别命名为 Lower_Limit、Upper_Limit、Secret_Number 和 User_Number。

3）通过从 Built-In–>Math 选择 integer blocks，将所有 global variables 初始化为 0。附加一个 integer block 到上一步中的每个 global variable blocks 并将 block 的值初始化为 0，见图 12-33 作为参照。

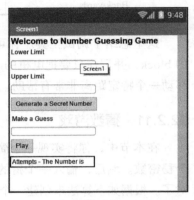

图 12-32　猜数游戏的用户界面

图 12-33　初始化的 Global Variables

4）设置生成随机秘密数的操作。首先从 Screen1–>SNumber 中选择一个"When SNumber.click do"block。这个 block 将包含用户点击 SNumber 按钮时发生的所有操作。

5）从 Built-In–>Variables 中选择两个"Set var_name to"blocks。在第一个 block 中将 variable name 修改为 global Lower_Limit，并把它附加到"When SNumber.click do"block 上。对第二个 block 做几乎相同的操作，除了将 variable name 修改为 global Upper_Limit。

6）从 Screen1–>LLimitBox 中选择一个"LLimitBox.Text"block，并把它附加到"Set Lower_Limit to"block 上。重复同样的操作，"ULimitBox.Text"和"Set Upper_Limit to"blocks 除外。

7）从 from Built-In–>Variables 中选择一个"Set var_name to"block，并将 variable name 修改为 global Secret Number。将这个 block 附加到"When SNumber.click do"block 里的 Set global Upper_Limit block 下面。

8）从 Built-In–>Math 中选择"random integer from 1 to 100"。在这个 block 里选择并删除 1 和 100 的整数 block。

9）从 Built-In–>Variables 中选择两个"get var_name"block。对于一个 block，将 variable name 修改为 global Lower_Limit，将另一个修改为 global Upper_Limit。在 random integer block 里，将"get global Lower_Limit"block 加到整数 1 block 原来的地方，并将"get global Upper_Limit"block 加到整数 100 原来的地方。现在这个 block 应读取"random integer from get global Lower_Limit to get global Upper_Limit"。将此 block 加到"Set global Secret_Number to" block，参见图 12-34。

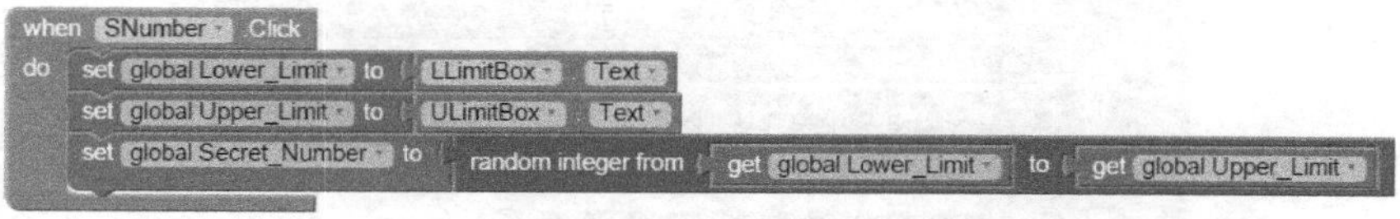

图 12-34　点击"Generate Secret Number"时包含的操作

10）设置玩这个游戏的操作。首先从 Screen1->Play 中选择一个"When Play.click do" block。这个 block 会含有用户点击 Play 按钮后发生的所有操作。

11）从 Built-In->Variables 中选择一个"Set var_name to"block，将 variable name 修改为 global User_Number，并将其加入"When Play.click do"block。

12）从 Screen1->Guess 中选择一个"Guess.Text"block，并将其加入"Set User_Number to" block。

13）从 Built-In->Control 中选择一个"if then"block，并将其加入"When Play.click do" block 的"Set User_Number"block 中。在"if then"block 里，点击蓝色按钮选择一个"else if"block，并将其加入"if then"block。重复这个操作，整个 control block 现在应成了一个"if then else if then else"block。

14）从 Built-In->Math 中选择一个"="block。然后从 Built-In->Variables 中选择两个 get var_name blocks。将 block 的 variable names 改为 global Secret_Number 和 global User_Number。将 get global Secret_Number block 加到"="block 左边的空白地方，并将 get global User_Number block 加到"="block 右边的空白地方。这个 block 现在应成了一个"get global Secret_Number = get global User_Number"block。将这个 block 加到 the"if then else if then else" control block 的 if 部分。

15）重复步骤 14，不同的是在 block 里将"="操作改为"<"操作。再将"get global Secret_Number < get global User_Number"block 加到 control block 的 else if 部分。

16）从 Screen1->ANLabel 中选择三个"set ANLabel.Text to"block，并从 Built-In->Text 中选择三个空的 string block。将其中一个 string block 的内容改为"correct"，一个改为"too small"，另一个改为"too big"。将这些 block 中的每一个加入"set ANLabel.Text to"blocks 其中的一个。

17）将 set ANLabel.Text to"correct"block 加到 control block 中的"if"control segment 下面的"then"部分。将 set ANLabel.Text to"too big"block 加到 control block 中的"else if" control segment 的"then"部分。将 set ANLabel.Text"too small"block 加到 control segment 中的"else"部分。图 12-35 可以看到整个 block 的图。

18）在模拟器里测试程序。通过不断更改秘密数的限制，并在这个范围内猜测不同的数。

12.2.12　简单的侧滑板游戏

在本节中，你将创建一个简单的侧滑板游戏，玩家使用左、右和跳按钮去移动一个人物跨越阻碍到达终点。如果人物碰撞到阻碍，则人物将回到起点位置。

```
when Play .Click
do  set global User_Number to  Guess . Text
    if    get global Secret_Number  =  get global User_Number
    then  set ANLabel . Text to  " correct "
    else if  get global Secret_Number  <  get global User_Number
    then  set ANLabel . Text to  " too big "
    else  set ANLabel . Text to  " too small "
```

图 12-35　在点击 Play 按钮时 block 包含的所有操作

1）如图 12-36 所示，设置用户界面的组件。下表列出本例包含的组件。在构建 UI 前，请务必找到一个将在游戏里代表玩家的简笔画人物的图片。由于模拟器和 UI 的方向，这个简笔画人物旋转了 90 度。还需要找到一个朝上的箭头、一个朝下的箭头、一个按钮，以及你在游戏要用的阻碍的图片（本练习分别使用了栅栏、冰柱、狮子和秃鹰的图片）。这里应还有一个黑色图片可以用来代表地面。Vertical Arrangement 和 Canvas 放在 Horizontal Arrangement 中。Table Arrangement 放在 Vertical Arrangement 中。

组件	见于	可改属性	数值
Screen1(Screen)	—	Screen Orientation	Portrait
HorizontalArrangement1 (Horizontal Arrangement)	Layout	Width, Height	Fill Parent, 400 pixels
VerticalArrangement1 (Vertical Arrangement)	Layout	Width, Height	50 pixels, Fill Parent
Left(Button)	User Interface	Text, Image	Blank, Picture of Upward Arrow
Right(Button)	User Interface	Text, Image	Blank, Picture of Downward Arrow
TableArrangement1 (Table Arrangement)	Layout	Height	225 pixels
Jump(Button)	User Interface	Text, Image	blank, picture of button
Canvas1(Canvas)	Drawing & Animation	Width, Height	Fill Parent, 400 Pixels
man(ImageSprite)	Drawing & Animation	Picture, X, Y, Width, Height	Picture of stick figure, 1, −1, 70 pixels, 25 pixels
floor(ImageSprite)	Drawing & Animation	Picture, X, Y, Width, Height	black colored picture, 51, 147, 10 pixels, 250 pixels
End(Ball)	Drawing & Animation	X, Y	70, 370
gate(ImageSprite)	Drawing & Animation	Picture, X, Y, Width, Height	Picture of gate, 64, 156, 40 pixels, 20 pixels
Icicle(ImageSprite)	Drawing & Animation	Picture, X, Y, Width, Height	Picture of icicle, 234, 209, 40 pixels, 100 pixels
Lion(ImageSprite)	Drawing & Animation	Picture, X, Y, Width, Height	Picture of stick figure, 61, 262, 50 pixels, 50 pixels
vulture(ImageSprite)	Drawing & Animation	Picture, X, Y, Width, Height	Picture of stick figure, 172, 324, 40 pixels, 40 pixels
Clock1(Clock)	Sensors	TimerInterval	50
OrientationSensor1 (Orientation Sensor)	Sensors	—	—
Notifier1(Notifier)	User Interface	—	—

2）一旦根据上表设置了游戏的 UI，请换到 Blocks Editor。首先，你要处理时钟。从 Screen1 → HorizontalArrangement1 → Clock1 取出一个"when Clock1.time do" block。然后转到 Screen1 → HorizontalArrangement1 → Canvas1 → man 取出一个"call man.MoveTo" block 并将其加到"when Clock1.time do" block。

3）从 Built-In → Math 中添加一个"-" block 到"call man.MoveTo" block 的 X 组件。从 Screen1 → HorizontalArrangement1 → Canvas1 → man 取一个 man.Y block，并将其加到"call man.MoveTo" block 的 Y 组件。将 man.X block Screen1 → HorizontalArrangement1 → Canvas1 → man 加到"-" block 左边的空地方，并将 Built-In → Math 选择的 integer block 加到"-" block 的右边空地方。将 integer block 的整数值设为 3。至此完成了简笔画人物的人工重力的效果。

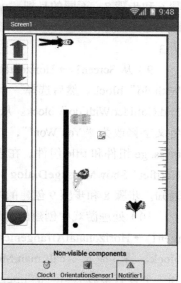

图 12-36　侧滑板游戏的用户界面

4）现在实现按钮的各种效果。首先，从 Screen1 → HorizontalArrangement1 → VerticalArrangement1 → Left 中取出一个"when Left.click do" block。然后，加一个"call man.MoveTo" block 到它上面。将一个 man.X block 加到"call man.MoveTo" block 的 X 组件里。取出一个"-" block，然后在右边空白处加一个 integer block，并将它的值设为 8。在左边的空白处加一个 man.Y block。将"man.Y - 8" block 加到"call man.MoveTo" block 的 Y 组件里。

5）重复步骤 4，不同之处在于将"when Left.click do" block 改为 Screen1 → HorizontalArrangement1 → VerticalArrangement1 → Right 里的一个"when Right.click do" block。另外，将"-" block 用相同的内容替换成 Built-In → Math 里的一个"+" block。

6）处理跳按钮。从 Screen1 → HorizontalArrangement1 → VerticalArrangement1 → Jump 中取出一个"when Jump.click do" block。然后取出一个"call man.MoveTo" block 并将其加入"when Jump.click do" block。

7）从 Built-In->Math 中添加一个"+" block 到"call man.MoveTo" block 的 X 组件里。将一个 man.Y block 加到"call man.MoveTo" block 的 Y 组件里。将一个 man.X block 加到"+" block 左边的空白处，并将一个 Built-In->Math 中的 integer block 加到"+" block 右边的空白处。将 integer block 的整数值设为 80。这就完成了跳按钮的效果，参见图 12-37。

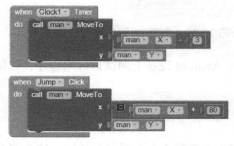
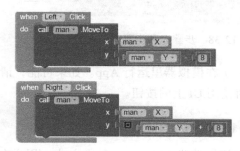

图 12-37　创建 block

8)现在你将处理这个游戏中针对简笔画人物站在 UI 中的地板上时的人工重力。重复步骤 6 和步骤 7,不同的是把"when Jump.Click do" block 用 Screen1 → HorizontalArrangement1 → Canvas1 → floor 里的一个"when floor.CollidedWith do"替换,并将 integer block 的值改为 3。

9)从 Screen1 → HorizontalArrangement1 → Canvas1 → End 里取出一个"when End.CollidedWith do" block。然后选择一个"call Notifier1.ShowMessageDialog" block 并把它加入"when End.CollidedWith do" block。从 Built-In → Text 里取出三个 string blocks。在其中两个 block 里,将文字修改为"You Won!",并把它们分别加入"call Notifier1.ShowMessageDialog" block 的 message 组件和 title 组件。在第三个 message block 里,将文字改为"Ok"并把它加入"call Notifier1.ShowMessageDialog"的 buttonText 组件。通过这一步,玩家在赢得游戏后会看到通知。步骤 8 和步骤 9 创建的 block 如图 12-38 所示。

10)处理游戏中创建的阻碍。如果玩家与其中一个阻碍相撞,他们将回到出发点。从 Screen1 → HorizonatalArrangement1 → Canvas1 → gate 取出一个"when gate.CollidedWith do" block。将其加入"call man.MoveTo" block。然后分别将一个含有整数"1"的 integer block 和一个含有整数"–1"的 integer block 加到"call man.MoveTo"block 的 X 组件和 Y 组件中。

11)对游戏中的所有障碍重复步骤 10。在这种情况下,通过将"when gate.CollidedWith do" block 分别改为"when Icicle.CollidedWith do""when Lion.CollidedWith do"和"when vulture.CollidedWith do" block 来对冰柱、狮子和秃鹰重复这个步骤。步骤 10 和步骤 11 的结果可以在图 12-39 中看到。用户可以根据个人选择来改变障碍的种类和位置,障碍的实现方法是一样的。

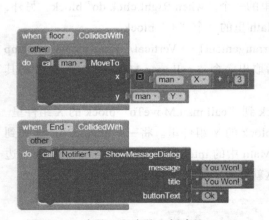

图 12-38 步骤 8 和步骤 9 创建的 block

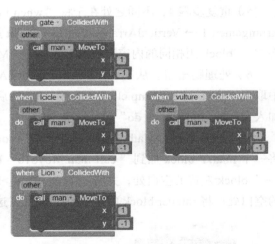

图 12-39 步骤 10 和步骤 11 创建的 block

12)在模拟器里运行 App。如果可能,请在 Android 设备上测试该应用程序,以便更好地同时使用 UI 上的按钮。

12.2.13 记忆游戏

在记忆游戏(Memory Game)中,用户在 UI 上看到 4 个不同颜色的球。这个游戏高亮了一串球，用户需要以相同的次序来高亮球。这个游戏开始会高亮一个球。随着用户成功完成每个级别，高亮球序列的数量会增加。因此第二级别会有两个高亮球，第三级别会有三个高亮球，以此类推。

1）根据图 12-40 来设置 UI。在下表中可以看到组件的详细信息。注意组件表中看到的四个球放在了图 12-40 所示的画布内。

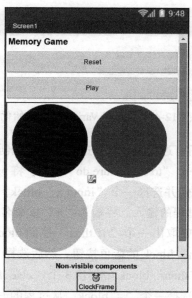

图 12-40　记忆游戏的用户界面

组件	见于	可改属性	数值
GameTitle(Label)	User Interface	FontBold, FontSize, Text	Checked, 18.0, "Memory Game"
Reset(Button)	User Interface	Text, Width, Height	"Reset", Fill Parent, 40 pixels
Play(Button)	User Interface	Text, Width, Height	"Play", Fill Parent, 40 pixels
GameOverLabel (Label)	User Interface	Text	Blank
Canvas1(Canvas)	Drawing & Animation	Width, Height	Fill Parent, 290 pixels
Ball1(Ball)	Drawing & Animation	PaintColor, Radius, X, Y	Blue, 70, 8, 0
Ball2(Ball)	Drawing & Animation	PaintColor, Radius, X, Y	Red, 70, 155, 0
Ball3(Ball)	Drawing & Animation	PaintColor, Radius, X, Y	Green, 70, 8, 145
Ball4(Ball)	Drawing & Animation	PaintColor, Radius, X, Y	Yellow, 70, 155, 145
LabelScore(Score)	User Interface	Text	"Score:"
ClockFrame(Clock)	Sensors	TimeInterval	200

2）切换到 block 编辑器。从 Built-In → Variables 中取出 7 个 "initialize global name to" blocks。将这些 block 的名称分别修改为 "Round" "CurBallTouched" "interactiveMode" "frameToggle" "Sequence" "BallHighlighted" 和 "SequenceIndex"。

3）从 Built-In → Math 中取出 3 个 integer blocks。给 global "Round"、global "CurBall-Touched" 和 global "SequenceIndex" 各加一个 integer block。"Round" integer block 应初始化为 0，而 "CurBallTouched" 和 "SequenceIndex" integer blocks 应初始化为 1。

4）从 Built-In → Logic 中取出两个"false"blocks，从 Built-In → Logic 中取出 1 个"true"block，从 Built-In → Lists 中取出 1 个"make a list"block。将一个"false"block 加到 global "interactiveMode"，将另一个"false"block 加到 global "BallHighlighted"。将"true"block 加到 global "frameToggle"，将"make a list"block 加到 global "Sequence"。这些 global variables 的初始化可以在图 12-41 中看到。

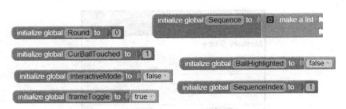

图 12-41　Global Variables 的初始化

5）创建运行游戏所需的所有过程。要做到这一点，首先创建一个过程来高亮一个球。从 Built-In → Procedures 中取出一个"to Procedure do"block。将 procedure 的名称改为 Highlight-OneBall。单击 block 的蓝色按钮并选择一个"input x"block，将其加到 HighlightOneBall 过程 block。这将创建一个到该过程的输入。将输入"x"重命名为"BallIndex"。

6）从 Built-In → Control 中取出一个"if then"控制 block，并将其加到 HighlightOne-Ball 过程 block。点击"if then"block 的蓝色按钮，然后选择 3 个"else if"block 并将其加到"if"block 里。这将在"if then"block 中创建 3 个"else if"选项。

7）从 Built-In → Math 中选择一个"="block，从过程的 BallIndex 输入中选择一个"get BallIndex"，再从 Built-In → Math 中选择一个 integer block。把 integer block 设为 1 并将其加到"="block 右边的空白处。将"get BallIndex"block 加到"="block 左边的空白处。然后将"get BallIndex = 1"加到"if then"block 的 if 部分旁边。重复这个过程 3 次，不同的是将 integer block 的值分别改为 2、3 和 4，并将它们加到"if then"block 的三个"else if"部分旁边。

8）从 Screen1 → Canvas1 → Ball1 中选择一个"set Ball1.PaintColor"block，并将其加到"if then"block 的第一个"then"部分里。"if then"block 的其他"then"部分重复这个操作三次。从 Built-In → Color 中选取 4 个黑色 block 并将其加到 4 个"set Ball#.PaintColor"blocks 里。至此完成了 Highlight-OneBall procedure block，如图 12-42 所示。

9）选择一个"to Procedure do"block，并将其重命名为"UnHighlightAllBalls"。然后选择一个"set Ball1.PaintColor"block，一个"set Ball2.PaintColor"block，一个"set Ball3.PaintColor"block 和一个"set Ball4.PaintColor"block，并按数字顺序将其加到 procedure

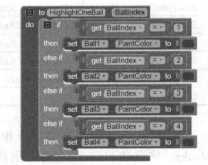

图 12-42　HighlightOneBall 过程 block

block 里。现在，从 Built-In → Colors 中取出一个蓝色，一个红色，一个绿色和一个黄色 block，并将其分别加到 Ball1、Ball2、Ball3 和 Ball4 的 PaintColor blocks 里。从 Built-In Variables

中选择一个"set var to"block，选择 global BallHighlighted 并将其加到"false"logic block 里。然后将"set global BallHighlighted to false"block 加到 PaintColor blocks 下面的 procedure block 里。这步完成了图 12-43 所示的过程 block。

10）选择另一个 procedure block 并将其重命名为 ClearSequence。然后选择一个"set var to" block 和一个"make a list"block。在"set var to"中选择 variable name "global Sequence"，并将其加到 the "make a list" block 里。接下来，将现在的"set global Sequence to make a list" combined block 添加到 ClearSequence procedure block，如图 12-44 所示。

图 12-43 完成的 UnHighlightAllBalls 过程 block　　图 12-44 完成的 ClearSequence 过程 block

11）现在来为用户设置游戏中的交互模式的 procedure。通过点击 procedure block 上的蓝色按钮选择一个 procedure block 并创建一个称为 mode 的输入，把输入加到这个 procedure block 里。将 procedure block 重命名为"SetInteractiveMode"，将重命名为"Mode"。

12）从 Screen1 → LabelScore 中选择一个"LabelScore.Visible"block，并将其加到 procedure block 里，然后再加入一个"true"logic block。

13）从 Screen1 → Reset 中选择一个"set Reset.Enabled to"block，并将其加到 procedure block 里。然后选择一个"set var to"block 并将其加到 procedure block。将 block 的 variable name 改为"global interactiveMode"。之后，从 Ball1 中选择一个"set Ball1.Enabled to"block，从 Ball2 中选择一个"set Ball2.Enabled to"block，从 Ball3 中选择一个"set Ball3.Enabled to" block，从 Ball4 中选择一个"set Ball4.Enabled to"block，并以数字顺序将其加入 procedure block。

14）从 procedure 的输入"mode"中选择 6 个"get Mode"blocks，并将各个 block 加入 Reset.Enabled、global interactiveMode、Ball1.Enabled、Ball2.Enabled、Ball3.Enabled 和 Ball4.Enabled blocks。如图 12-45 所示。

15）现在创建序列的 procedure。选择另一个 procedure block 并将其命名为 MakeTheSequence。为该 procedure 创建一个输入并将其命名为 theRound。

图 12-45 SetInteractiveMode 过程 block

16）选择一个"set var to"block，并将 block 中的 variable 设为"global Sequence"。将其加到 procedure block 里。接着选择一个"Make a List"block，并将其加到 procedure 中的"set global Sequence to"block。

17）从 Built-In → Logic 中选择一个"while test do"block，并将其加到"set global Sequence block"下的 procedure block。然后从 Built-In → Math 中选择一个"="block 并将其加到"while test do"block 的"test"部分，并将"="号改成"<"号。

18）从 procedure block 的"theRound"输入中选择一个"get theRound"block，并将其加到"<"block 右边的空白处。然后，从 Built-In→Lists 中选择一个"length of list list" block，从 Variables 中选择一个"get var"block。将后者中的 variable name 改为"global Sequence"。将"get global Sequence"block 加到"length of the list list"block。接着将整个组合的 block 加到"<"block 左边的空白处。

19）从 Built-In–>Lists 中选择一个"add items to list"block，并将其加到"while test do"block 的"do"部分。选择一个"get global Sequence"block，并将其加到"add items to list"block 的 list 部分。最后从 Built-In–>Math 中选择一个"random integer from 1 to 100"block，并将其加到"add items to list"block 的 item 部分。将整数值 100 改为 4，如图 12-46 所示。

图 12-46 完成的 MakeTheSequence block

20）选择另一个 procedure block 并重命名为 ProcessGameOver。然后从 Screen1 → Canvas1 中选择一个"set Canvas1.Visible to"block，并将其加到 procedure block。给它加一个"false" logic block。

21）从 Screen1 → GameOverLabel 中选择一个"set GameOverLabel.Text to"，并将其加到 Cavas1.Visible block 下面的 procedure block。之后，从 Built-In → Text 中选择一个空的 string block 并将 string 改为"Game Over. Try Again!"。将这个 string block 加到"set GameOverLabel.Text to" block。

22）从 GameOverLabel 选择一个"set GameOverLabel.Visible" block 并加到 procedure block 里前两步骤完成的 block 下面。再加给它一个"true" logic block。

23）从 Screen1 → LabelScore 中选择一个"set LabelScore.Visible" block，并将其加到 procedure block 中前两个步骤完成的 block 下面。再给它加一个"true" logic block。

24）接着从 Screen1 → Reset 中选择一个"select Reset.Enabled to" block，然后从 Screen1 → Play 中选择一个"select Play.Enabled to"block。将两个都加到 procedure block。将一个"true" logic block 加到"select Reset.Enabled to" block，并将一个"false" logic block 加到"select Play.Enabled to" block。

25）最后，从 Built-In → Procedures 中选择一个"call ClearSequence" block，并将其加到 ProcessGameOver procedure block 中的前几步骤完成的 block 下面。这完成了图 12-47 所示的 ProcessGameOver block。

26）接着选择另一个 procedure block 并重命名为"PlayOneFrame"。然后给它加一个"if then"

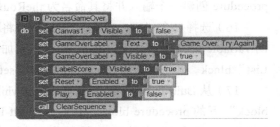

图 12-47 完成的 ProcessGameOver block

control block。添加一个"else if" block 和一个"else" block 来扩展"if then" block。

27）然后选择一个"get global frameToggle" block，并将其加到"if then" block 的"if"输入。然后从 Built-In → Procedures 中选择一个"call UnHighlightAllBalls" block，并将其加到"if then" block 的第一个"then"输入。

28）从 Built-In → Math 中选择一个 =block，将"="号改为"≤"号。然后从 Built-In → Variables 中选择一个"get SequenceIndex" block，并将其加到"≤" block 左边的空白处。接着，从 Built-In → Lists 中选择一个"length of list list" block，并从 Variables 中选择一个"get var" block。将后者的 variable name 改为"global Sequence"。将"get global Sequence"block 加到"length of the list list"block。之后，将整个组合的 block 加到"≤"block 右边的空白处。将现在已经完成的"get SequenceIndex ≤ length of list list get Sequence"block 加到"if then" block 的"else if"输入里。

29）将 Built-In → Procedures 中的一个"call HighlightOneBall" block 加到"if then" block 的第二个"then"输入。然后将一个"select item from list" block 加到"call HighlightOneBall" block 的 BallIndex 输入里。接着给它的"list"输入加一个"get global Sequence" block，给它的"index"加一个"get global SequenceIndex" block。

30）将一个"set global SequenceIndex to" block 加到"call HighlightOneBall" block 下面。然后给它加一个"+" block。在"+" block 右边的空白处加一个初始化为 1 的 integer block，再加一个"get global SequenceIndex" block 到它左边的空白处。

31）取出另一个"set global SequenceIndex to" block 并给它加一个初始化为 1 的 integer block。然后将组合的 block 加到"if then" block 的"else"输入里。

32）接着从 Screen1 → ClockFrame 加一个"set ClockFrame.TimeEnabled to"block 到 set global SequenceIndex to" block 下面的"else"输入里。给它加一个"false" logic block。

33）从 Built-In → Procedures 中找到一个"call SetInteractiveMode"block 并加一个"true" logic block 到它的"mode"输入。然后将组合的 block 加到"if then" block 的"else"输入里。

34）从 Screen1 → Play 中选择一个"set Play.Text to" block 和一个"set Play.Enabled to" block 并将它们加到"else"输入里。然后，选择一个空的 string block 并将其加到"set Play.Text to" block，选择一个"false" logic block 并将其加到"set Play.Enabled to" block。将空 string block 的内容改为"Now you repeat the sequence!"。

35）从 Screen1 → Play 中选择一个"set Reset.Enabled to" block，并给它加一个"true" logic block。将组合的 block 加到"if then" block 的"else"输入中的"set Play.Enabled to" block 下。至此完成了"if then" control block 的内容。

36）在 procedure block 中的"if then" control block 下，加一个"set globalFrameToggle to" block。给它加一个"not" logic block，然后将一个"get globalFrameToggle" block 加到"not" block。至此完成了图 12-48 所示的"PlayOneFrame" block。

37）选择另一个 procedure block 并重命名为"ProcessBallTouched"。然后在 procedure 中插入一个"if then" control block，并通过创建一个"else" block 来扩展"if then" block。

38）接下来，选择一个"get global frameToggle" block，并将其加到"if then" block 的

"if"输入里。然后从 Built-In → Procedures 选择一个 "call UnHighlightAllBalls" block，并将其加到 "if then" block 的第一个 "then"输入里。然后从 Screen1 → ClockFrame 中将一个 "set ClockFrame.TimeEnabled to"block 加到 "call UnHighlightAllBalls"block 下面的 "then"输入。将一个 "false" logic block 加到它里面。

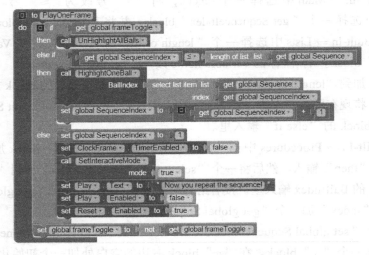

图 12-48　完成的 PlayOneFrame block

39）在 "else"输入中，添加另一个 "if then"block。将一个 "get global interactiveMode"block 加到第二个 "if then" block 的 "if"输入里。从 Built-In → Procedures 中将一个 "call HighlightOneBall" block 加到 "if then" block 的 "then"输入。将一个 "get global CurBallTouched" block 加到 "ballIndex"输入里。然后将一个 "set ClockFrame.TimeEnabled to" block 加到 "call HighlightOneBall"block 下面的 "then"输入里，并将一个 "true"logic block 加到它里面。

40）在 "if then"block 的 "then"输入里添加另一个 "if then"block。通过加一个 "else"部分来扩展它。

41）将一个 "="block 加到 "if then" block 的 "if"输入。在 "="block 左边的空白处加一个 "get global CurBallTouched"block。将一个 "select item from list"block 加到 "="block 右边的空白处。然后，将一个 "get global Sequence" block 加到它的 "list" 输入中，并在其 "index" 输入里加一个 "get global SequenceIndex" block。

42）在第三个 "if then"block 的 "else"部分，从 Built-In → Procedures 加一个 "call ProcessGameOver" block。

43）将一个 "set global SequenceIndex to" block 加到第三个 "if then" block 的 "then" 部分里。接着将一个 "+" block 加到它里面。在 "+" block 右边的空白处加一个初始化为 1 的 integer block，在它左边的空白处加一个 "get global SequenceIndex" block。

44）在第三个嵌套的 "if then"block 的 "then"输入里插入一个 "if then"block 到 "set global SequenceIndex to" block 下面。

45）从 Built-In → Math 中选择一个 "="block。将 "=" 号改为 ">" 号。然后从 Built-In →

Variables 中选择一个"get SequenceIndex"block 并将其加到"≤"block 左边的空白处。然后从 Built-In → Lists 中选择一个"length of list list"block，并从 Variables 中选择一个"get var"block。将后者中的 variable name 改为"global Sequence"。将"get global Sequence"block 加到"length of the list list"block 里。然后将整个组合的 block 加到">"block 右边的空白处。将现在完成的"get SequenceIndex > length of list list get Sequence"block 加到第四个"if then"block 的"else if"输入里。

46）对于第四个"if then"block 的"then"输入，从 Screen1 → LabelScore 中插入一个"set LabelScore.Text to"block，从 Screen1 → Play 中插入一个"set Play.Enabled to"和一个"set Play.Text to"blocks。

47）然后从 Built-In → Text 中将一个"join"block 加到"set LabelScore.Text to"block，并将一个"join"block 加到"set Play.Text to"block。对于第一个"join"block 的第一个输入，加一个空的 string block 并将空的 string 改为"Score:"block。对于"join"block 的第二个输入，加一个"length of list"block。然后将一个"get global Sequence"block 加到"length of list"block 里。

48）将一个"true"logic block 加到"set Play.Enabled to"block 里。然后对于第二个"join"block，将一个空的 string block 加到第一个输入。将空 string 改为"Play a sequence of length"。对"join"block 的第二个输入，加一个"+"math block。在"+"block 右边的空白处，加一个初始化为 1 的 integer block。在"+"block 左边的空白处，加一个"get global Round"block。至此完成了嵌套的"if then else"语句的所需的一切工作。

49）在 procedure block 中的第一个"if then"语句下面，加一个"set globalFrameToggle to"block。加一个"not"logic block 到它上面，然后将一个"get globalFrameToggle"block 加到"not"block。这完成了"Process Ball Touched"block，如图 12-49 所示。

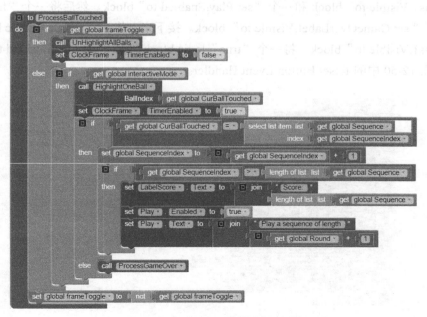

图 12-49　完成的 ProcessBallTouched block

50)现在,转到程序的 Event Handlers。从 Screen1->Reset 中选择一个"when Reset.Click do" block。将一个"set global Round to" block 加到它里面。然后选择一个 integer block 并将其初始化为 0。将这个 integer block 加到"set global Round to" block。

51)选择一个"call SetInteractiveMode" block 和一个"call ClearSequence" block,并将它们加到"when Reset.Click do" block 里。之后,将一个"false" logic block 加到 call SetInteractiveMode 的 mode 输入里。

52)接下来,从 Screen1 → LabelScore 中插入一个"set LabelScore.Text to" block,从 Screen1 → Play 中将"set Play.Text to" block 和"set Play.Enabled to" blocks 插入到"when Reset.Click do" block 里。将一个"true" logic block 加到"set Play.Enabled to" block 里。然后将一个"join" text block 分别加到"set LabelScore.Text to" block 和"set Play.Text to" block 中。

53)为"join" block 的第一个输入,加一个空的 string block 并将空的 string 改为"Score:" block。为"join" block 的第二个输入,加一个"length of list" block,然后将一个"get global Sequence" block 加到"length of list" block 中。

54)现在,对于第二个"join" block,将一个空的 string block 加到第一个输入。将空的 string 改为"Play a sequence of length"。对于"join" block 的第二个输入,加一个"+" block。在"+" block 右边的空白处加一个初始化为 1 的 integer block。在"+" block 左边的空白处加一个"length of list" block。然后将一个"get global Sequence" block 加到"length of list" block 里。

55)在"when Reset.Click do" block 中的"set Play.Enabled to" block 下面加一个"call UnHighlightAllBalls" block。在它下面,加一个"if then" block。

56)对于"if"的输入,从 Screen1 → GameOverLabel input 加一个"GameOverLabel.Visible" block。对于"then"的输入,加一个"set GameOverLabel.Visible to" block,一个"set Canvas1.Visible to" block 和一个"set Play.Enabled to" block。然后将一个"false" logic block 加到"set GameOverLabel.Visible to" block。接下来,将一个"true" logic block 加到"set Canvas1.Visible to" block,将一个"true" logic block 加到"set Play.Enabled to" block。这完成了图 12-50 中的 Reset Button Event Handler。

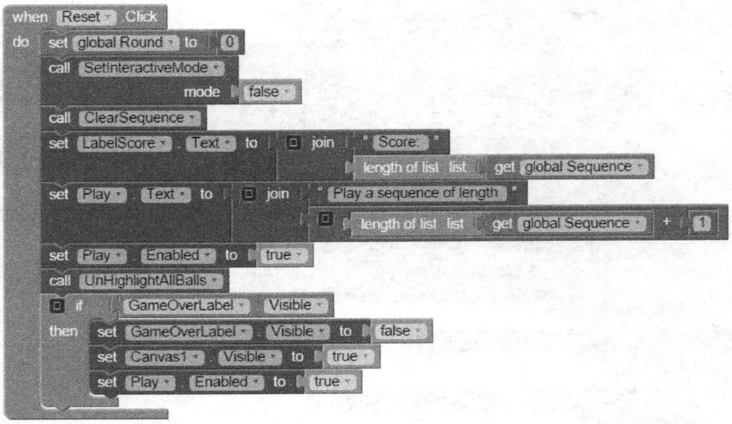

图 12-50 完成的 Reset Button Event Handler

57）从 Screen1->Play 中选择一个"when Play.Click do"block。然后从 Built-In->Procedures 中选择一个"call SetInteractiveMode"block，并将其加到"when Play.Click do"block。然后，对"call SetInteractiveMode"的"mode"输入加一个"false"logic block。

58）选择一个"set global Round to"block，并将其加到"when Play.Click do"block 里。然后再加一个"+"block 到它里面，在右边的空白处加一个初始化为 1 的 integer block，在左边的空白处加一个"get global Round"block。

59）从 Built-In → Procedures 加一个"call MakeTheSequence"block。将一个"get global Round"block 加到它的"theRound"输入里。

60）在"When Play.Click do"block 中，加一个"set global SequenceIndex to"block。然后给它加一个初始化为 1 的 integer block。

61）加一个"call PlayOneFrame"procedure block。在它下面的"When Play.Click do"block 中加一个"set ClockFrame.TimerEnabled to"block，给它加一个"true"logic block。完成图 12-51 所示的 Play Button Event Handler。

图 12-51　完成的 Play Button Event Handler

62）从 Screen1 → ClockFrame 中选择一个"when ClockFrame.Timer do"，将一个"if then"block 加到它里面。通过向其添加一个"else"block 来扩展这个"if then"block。

63）对于"if"的输入，加一个"get global interactiveMode"block。对于"then"的输入，加一个"call ProcessTouched"block。最后，对于"else"的输入，加一个"call PlayOneFrame"block。完成图 12-52 所示的 ClockFrame Event Handler。

图 12-52　完成的 Clock Frame Event Handler

64）从 Screen1 → Canvas1 → Ball1 中选择一个"when Ball1.Touched do"block。然后选择一个"if then"control block 并将其加到"when Ball1.Touched do"block 里。从 Built-In → Logic 中选择一个"not"block，然后从 Screen1 → Play 中选择一个"Play.Enabled"block。将 not block 加到"if then"block 的"if"部分下。然后将"Play.Enabled"block 加到 not block 里。

65）从 Built-In → Variables 中选择一个"set global CurBallTouched to"block 和一个"set global frameToggle to"block，并将它们加到"if then"block 的"then"部分。然后选择一个 integer block 并将其加到"set global CurBallTouched to"block。初始化 integer block 的值为 1。之后选择一个"false"logic block 并将其加到"set global frameToggle to"block。

66）从 Built-In → Procedures 中选择一个"call ProcessTouched"block，并将其加到

"set global CurBallTouched to" block 和 "set global frameToggle to" block 下面的 "if then" block 的 "then" 部分。

67）重复三次步骤 64 至步骤 66，除了将 Ball1.Touched 分别改为 Ball2.Touched、Ball3.Touched 和 Ball4.Touched。并且将 integer block 的值分别改为 2、3 和 4。在图 12-53 中可以看到这些 block。

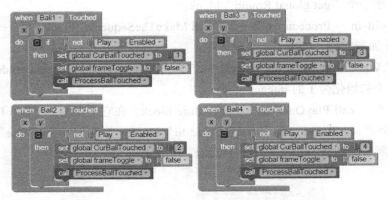

图 12-53　当用户点击球时的 Event Handler block

68）在模拟器或者手机设备上运行 App。

第 13 章

演讲文稿设计

13.1 演讲前的准备

本章中需要做的工作主要有两个部分：安排演讲文稿的技术内容和演示幻灯片（PPT Slides）的设计技术。对你的演示幻灯片的评分也会从这两个方面考量。本章中的工作并不包括口头演讲和表达技能。演讲和表达技能将在另一堂课中介绍。你的团队也需要在实验室以外的时间练习演讲和表达的技能。

13.1.1 组织演讲稿的技术内容

你的演示幻灯片的设计也是一个工程设计项目，也需要遵循工程设计项目的开发过程来设计。工程设计项目的开发过程包括以下步骤。

1. 问题定义

在演示幻灯片中简要地介绍你要解决的问题。你不需要讲述整个项目的所有三个比赛。相反，你应该专注于解决其中的一个问题，例如：

- 建立一个有效的机器人执行器，满足发现宝藏这个游戏的要求。
- 设计机器人的自主导航算法，做到可以遍历迷宫。
- 设计一个强壮的机器人，在相扑比赛中始终可以留在相扑圈中，还可以把对手推打出相扑圈。

上面给出的问题定义仅仅是例子。你必须拿出自己的见解，具体定义你想要解决的问题。如果你想要演讲本课程中学的其他内容，也是可以的。请注意，在你的选题中，你需要使你的演讲内容有吸引力。你的同学将对你的演讲进行评分。你需要给他们留下深刻的印象，他们才会给你高分。

2. 文献的阅读和头脑风暴技术

你需要阅读相关的文献，了解其他人已经做了哪些工作，在别人工作的基础上你有什么新的想法和见解。在这个步骤中，你的团队应该讨论阅读的文献，然后用头脑风暴（brainstorm）技术来收集设计的想法和见解。头脑风暴技术的主要步骤是每人独立写下大量想法，无论它们是好是坏，无论它们是否可行。然后，每人向团队成员陈述自己的想法。同时，团队成员对比自己写下的想法，去掉重复的想法，加上新想法。最后，团队成员整合所有的想法，获得头脑风暴的完整想法列表。

3. 备用设计和解决方案

本节根据你所定义的问题以及相关文献的阅读和头脑风暴的结果，提出多个备用的设计和解决方案,包括多种算法、可替用的机器人设计和效应器设计等。为了展示你的设计,建议在演示幻灯片中使用动画和照片。

4. 建模、模拟和分析

使用建模和模拟技术来分析你提出的备用的设计和解决方案。使用列表比较各项参数,用加权平均值来评估和选择最佳的设计和解决方案。

5. 实现

对选择的最终设计和解决方案作更详细的介绍,并使用动画、照片和/或视频等可视化工具来展示你的最终设计。

6. 测试和评价

对于你的最终设计方案,你应该在前几周的实验和比赛中已经完成了多项测试和评估。在演示幻灯片中,使用表格和图表来展示你的结果。

7. 项目管理

使用甘特图(Gantt Chart)来展现你的日程安排和执行时间表,包括至今已完成的主要工作(里程碑)和项目结束前要完成的事情。甘特图是基于作业排序的项目管理工具,将事件与计划的完成时间联系起来以展示项目的进度和计划。表 13-1 给出了甘特图的一个例子。

表 13-1 甘特图

任务列表	计划完成的时间(以周为单位)					
	2月1日	2月8日	2月15日	2月22日	3月1日	3月8日
定义问题,收集信息	■					
头脑风暴,文献阅读	■	■				
设计可选方案		■	■	■		
评估可选方案			■	■		
选择最优方案				■		
方案仿真				■	■	
方案实现,测试					■	■
评价						■
演讲						■

8. 结论和建议

在讲演结束前,再次告诉你的听众你给他们讲了些什么,总结你讲过的关键点。你需要强调自己的创新和贡献。你可以讲述你在项目中学到的经验教训。

如果你的课题要求提交最终项目报告,你的报告将遵循你的演示幻灯片的组织结构,因此,准备演示幻灯片将帮助你准备最终项目报告。

13.1.2 演示幻灯片设计

在本节中,我们将学习演示幻灯片的设计技术,包括在 PowerPoint(PPT)幻灯片中使用多媒体技术、文本、表格、图表、照片、视频和动画。

- 复制截图：键盘上有一个键名为"打印屏幕"。按下该键会将整个屏幕复制到剪贴板。然后，可以把截图粘贴到 PPT、Word 或画图软件 Paint 中。可以用 Paint 软件选择截屏的一部分，然后将其粘贴到你的 PPT 幻灯片中。当你做截图的时候，你也可以选择复制一个单独的窗口：选择一个窗口；按住"Alt"键，并按"打印屏幕"；粘贴到 PPT 或 Paint 中。
- 复制和特殊粘贴工具：大多数对象可以简单地复制并粘贴到 PPT 幻灯片。然而，复杂的对象，如表和图片，需要使用"选择特殊性粘贴"，用最佳格式将对象粘贴到 PPT 中。
- 插入视频：视频是一个复杂的对象，不能使用复制和粘贴输入视频。必须使用菜单命令"插入"→"视频"。然后，可以从一个视频文件中选择一个视频、一个 Web 站点或内建剪贴画（Clip Art）视频。你也可以定义你的播放选项，如点击开始，自动启动，全屏播放，播放里面的 PPT 幻灯片，音频音量控制，等等。
- 创建动画：要在 PPT 中创建一个带动画的对象，先选择该对象，再选择菜单命令"动画"，然后选择"添加动画"→"运动路径"。运动路径决定对象移动的起点、终点和移动方式。一旦添加了一个动作、路径，就可以选择"幻灯片放映"模式，然后就可以看到动画。
- 创建 Excel 表格和图表：Microsoft Excel 不是一个简单的表格工具。它是一个商业的电子表格应用程序，可以执行计算，创建图形和图表，定义数据透视表。它还包括一个 Visual Basic for Application 应用程序的宏编程语言，可以让你使用表数据编写计算机程序来解决不同的问题。

13.1.3 用 Excel 求解模型和创建图表

本节讨论用 Excel 来求解模型和创建图表。Excel 包含一个编程语言 Visual Basic for Application 程序，它允许你使用编程语句和公式来求解你的模型。开始编程时，单击 Excel 菜单栏，选择"公式"→"插入功能"，将打开一个窗口，然后可选择功能，如图 13-1 所示。

首先选择一个类别，例如，选择"Logical"（逻辑）。然后选择类别下的功能，例如，"IF"的条件语句。在"IF"的条件语句中，需要输入测试条件（Logical_test）、"如果值为真"时的值和"如果值为假"时的值，如图 13-2 所示。

Excel 不仅支持典型的 if-then-else 语句，它还支持许多其他典型的语句，例如：

- 与语句

= AND（逻辑值 1，逻辑值 2）：如果这两个逻辑值必须同时为真，输出真。

例如，= IF（AND(B9<10, C4>= 1），"broken"，"working"）。

- 或语句

= OR（逻辑值 1，逻辑值 2）项，如果这两

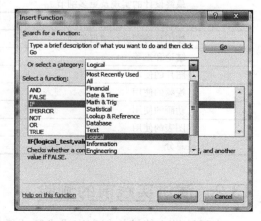

图 13-1　Excel"插入功能"对话框

个逻辑值中的一个为真，输出真。

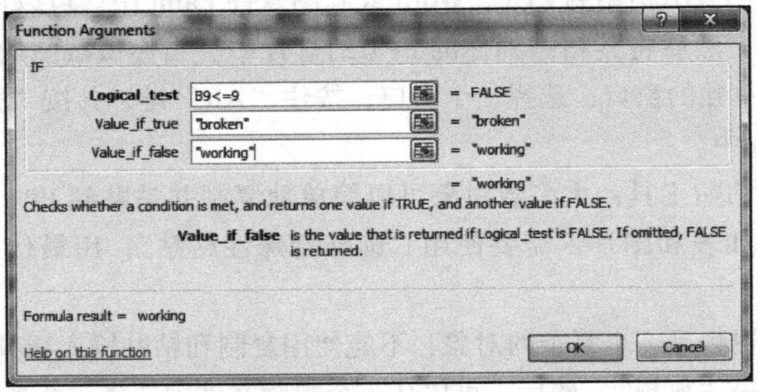

图 13-2　功能参数的设定

例如，= IF（OR（B9<10，C4>=1），B94，0）。

- 非语句

= NOT（逻辑值 1）：如果这个逻辑值为假，输出真。

例如，= IF（NOT（B9>=10），"working"）。

你需要在你的演示幻灯片中使用 Excel 来创建表格和图表。

13.1.4　演示幻灯片的评价和评分标准

你的演讲文稿的幻灯片将按照表 13-2 中给出的标准进行评估。请注意，这部分的评价不包括口头演讲部分。

表 13-2　演示幻灯片要求的内容和特点及评价标准

要求的内容和特点	得分
标题页及其所要求的内容	/4
问题的定义	/10
相关的工作和你的思路	/10
三个可以替用的设计	/10
建模、模拟、分析和决定	/10
最终设计的实现及更多细节	/10
测试和评估	/10
使用甘特图进行项目管理	/10
结论和推荐	/10
图片的使用	/4
视频的使用	/4
动画的使用	/4
图表的使用	/4
总分	/100

13.2　演讲实践前的测验

为了让学生能够执行和完成本章的任务，每个学生必须仔细阅读演讲准备部分的内容。

读完准备部分后，学生应该可以回答下面列出的问题。

1）根据上节的描述，什么样的问题可以用作演讲的问题？
2）组织你的演讲内容时，你的团队应该以什么样的步骤讨论头脑风暴的结果？
3）组织你的演讲内容时，哪些内容应该放入甘特图？
4）如何把电脑屏幕上一个窗口的内容复制，并当作图片粘贴到 PPT 文档里？
5）在什么情况下使用复制和特殊粘贴的功能？
6）如何在 PPT 幻灯片中插入视频，并且让该视频在幻灯片的指定区域播放？
7）在 PPT 幻灯片中如何创建动画？
8）哪些内容必须包含在演示文稿的幻灯片中？
9）Microsoft Excel 是一个工具，它可以用于（　　　）。
A. 创建简单的表和数据透视表
B. 创建图形和图表
C. 支持 Visual Basic for Application 编程语言
D. 支持 VPL 编程语言
E. 支持 Java 编程语言
10）Excel 可以用来求解数学模型（　　　）。
A. 对
B. 错
11）Excel 支持编程语言和条件语句，如 IF-THEN-ELSE（　　　）。
A. 对
B. 错

13.3　演讲内容设计与实践

在前面部分，我们讨论了各种组织演讲内容的方法和幻灯片设计技术。在本节中，你的团队将定义你们的演讲内容、创建演示文稿的幻灯片，并应用所学的幻灯片设计技术。我们从学习幻灯片设计技术开始。

13.3.1　截屏和图片的编辑

启动 PowerPoint 演示文稿应用程序，选择一个模板，插入标题空页，插入内容空页。

启动 Paint 应用程序。

选择屏幕上的任意一个窗口。或者选择你想要复制的窗口。按下 Alt 键并按下打印屏幕键。

回到 Paint 应用程序，将复制的窗口粘贴到 Paint 应用程序里。

在 Paint 应用程序中编辑图片，选择、复制，并粘贴一部分图片到 PPT 应用程序。

13.3.2　插入视频

在项目的执行过程中，你应该录制一些视频。如果还没有录制，你可以下载一个视频文件（例如：http://neptune.fulton.ad.asu.edu/VIPLE/EdisonLocalBest.zip），你的任务是把该视频文件插入到你的 PPT 幻灯片里，并在一个选定区域内播放该视频。视频播放设置为自动回放。在幻灯片的放映模式下测试插入的视频，并确保所有的功能满足你的要求，如声音的音量。

13.3.3　使用 Excel 求解模型和创建图表

在这一实验任务中，你将使用 Excel 求解模型和创建图表。你需要按以下步骤来实现蒙特卡罗模拟，该模拟用于计算电力装机容量和可能的需求量的关系。如果你不熟悉蒙特卡罗模拟，不知道它的应用含义，你可以把它看成一个简单的数学公式来计算。

1）启动 Excel 应用程序。

2）创建一个表，如表 13-3 所示。

表 13-3　可能的装机容量和可能的需求量

	A	B	C	D	E	F	G
1	D/C(kwh)	9000	10000	11000	12000	13000	14000
2	9000						
3	10000						
4	11000						
5	12000						
6	13000						
7	14000						
8	Simlpe Avg						
9	Weighted Agv						
10	Weighted 2						

3）比较下面给出的蒙特卡罗模型公式和在 Excel 表中输入的公式视图。

$$\text{Saving} = \begin{cases} 24C - 15C & \text{若 } D \geq C \\ 24D - (15C - 5(C - D)) & \text{若 } D < C \end{cases}$$

表 13-4 给出了第一列中需要输入的公式。

表 13-4　第一列中需要输入的公式

	A	B	C	D
1	D/C(kwh)	9000	10000	11000
2	9000	=IF(A2>=$B$1, 0.09*$B$1,0.24*A2-(0.15*$B$1-0.05*($B$1-A2)))	=IF(A2>=$C$1,0.09*$C$1,	=IF(A2>=$D$1,0.09*D
3	10000	=IF(A3>=$B$1, 0.09*$B$1,0.24*A3-(0.15*$B$1-0.05*($B$1-A3)))	=IF(A3>=$C$1,0.09*$C$1,	=IF(A3>=$D$1,0.09*D
4	11000	=IF(A4>=$B$1, 0.09*$B$1,0.24*A4-(0.15*$B$1-0.05*($B$1-A4)))	=IF(A4>=$C$1,0.09*$C$1,	=IF(A4>=$D$1,0.09*D
5	12000	=IF(A5>=$B$1, 0.09*$B$1,0.24*A5-(0.15*$B$1-0.05*($B$1-A5)))	=IF(A5>=$C$1,0.09*$C$1,	=IF(A5>=$D$1,0.09*D
6	13000	=IF(A6>=$B$1, 0.09*$B$1,0.24*A6-(0.15*$B$1-0.05*($B$1-A6)))	=IF(A6>=$C$1,0.09*$C$1,	=IF(A6>=$D$1,0.09*D
7	14000	=IF(A7>=$B$1, 0.09*$B$1,0.24*A7-(0.15*$B$1-0.05*($B$1-A7)))	=IF(A7>=$C$1,0.09*$C$1,	=IF(A7>=$D$1,0.09*D
8	Simlpe Avg	=AVERAGE(B2:B7)	=AVERAGE(C2:C7)	=AVERAGE(D2:D7)
9	Weighted Agv	=0.1*(B2+B7)+0.2*(B3+B6)+0.2*(B4+B5)	=0.1*(C2+C7)+0.15*(C3+C	=0.1*(D2+D7)+0.15*(D3+
10	Weighted 2	=0.1*(B3+B8)+0.2*(B4+B7)+0.2*(B5+B6)	=0.1*(C3+C8)+0.2*(C4+C7	=0.1*(D3+D8)+0.2*(D4+

作为一个例子，单元格 1-B 中的公式是：

= IF (A2 >= $B$1, 0.09*$B$1,0.24*A2 − (0.15*$B$1 − 0.05*($B$1 − A2)))

4）在第一个单元格中输入一个公式。尝试将公式复制到其他单元格中。请注意 B1 和 $

B＄1之间的差异。在复制时，Excel 的坐标值 A, B, C, D 和 1, 2, 3, 4 等会自动变化。如果不希望坐标值自动变化，可用 ＄＄ 符号将坐标值括上，例如，如果用 ＄B＄，B 将不会随坐标而变化。

5）根据公式算出的值建立图表，显示出在不同的安装容量下节约的钱，如图 13-3 所示。

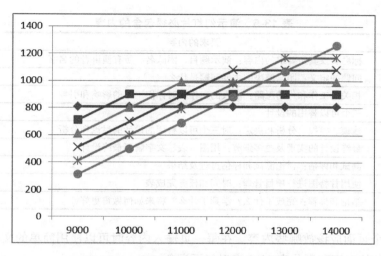

图 13-3　不同的安装容量下可以节约的钱

6）完成这个例子后，如果在你的项目中遇到任何计算问题，尝试用 Excel 的公式计算功能来解决你的问题。

13.3.4　复制和特殊粘贴

本节练习复制表格和图表到你的 PPT 幻灯片中。

选择不同的图片、图表和其他复杂的对象。首先尝试使用简单的复制和粘贴。

然后，使用选择性粘贴，并尝试不同的格式，看哪个格式能最好地满足你的需要。

13.3.5　正式会议中的会议纪要和幻灯片设计

完成幻灯片设计技术的练习后，你的团队将转向本节的主要任务：创建演示文稿幻灯片。你们将以一次正式会议作为开始。

在每次正式次会议上，你们必须严格按照正式会议要求写会议纪要。会议纪要的要求在下一节给出。在今天的实验中，你的团队必须提交会议纪要，也要提交你在实验中创建的演示幻灯片。在实验课后和最终口头演讲前，你们还有时间修改你们的演示幻灯片。但在团队演讲的前一天必须提交最后的演示幻灯片。

创建最终的演示幻灯片的过程中必须确定的问题包括：

- 幻灯片设计分工：谁负责开发哪几页幻灯片？
- 什么时候你们可以集合来预演和实践口头演讲？
- 谁负责在演讲前一天提交最终版本的幻灯片？

13.3.6 创建 PPT 幻灯片

下面，你的团队可以开始创建 PPT 幻灯片。

启动一个"新"的 PPT 文件。探索可用的模板和选择最适合你的演示文稿需要的模板。

使用表 13-5 中给出的内容点创建幻灯片。每一个内容点应该是在一个单独的页上。对于某些内容点，你可能要使用多页。

表 13-5　演示幻灯片必须包含的内容

要求的内容
标题页及其所要求的内容：演示题目、团队名、所有演讲者的名字
问题的定义：团队解决的主要问题是什么
相关的工作和你的思路：前人的工作和对你们工作的影响和引导
三个可以替用的设计
建模、模拟、分析和决定：对三个可以替用的设计的讨论和分析
最终设计的实现及更多细节：用图、表、文字解释最终设计
测试和评估：讨论测试和评估过程及结果
使用甘特图进行项目管理：时间和任务完成表
结论和推荐：完成了什么？学到了什么？将来如何做得更好

讨论在每个页面应该放哪些内容。在每一页输入内容时可以使用简单的文本。然后，参见实验准备部分的内容和评分表 13-2 来对每页润色。

讨论在哪些页面中你要使用照片、视频、动画、表格和图表。在这些计划要插入多媒体的页面上写上注释。实验后，可以分工去准备所需的多媒体材料。

13.3.7 幻灯片制作的分工

讨论幻灯片制作的分工。在会议纪要中必须记录会议的决定。然后，每个成员可以就所分配的幻灯片开始工作。然而团队成员仍然需要就设计进行交流和讨论。作为演示幻灯片，演讲也将作为一个整体进行评估，每个成员有责任确保设计好每一张幻灯片。

这一过程必须继续，直到实验课的最后。

第 14 章

演讲和演讲评分

本章没有准备知识和测验。但是，你的团队必须在演讲的前一天提交最终演讲幻灯片。你的团队必须做多次预习演讲。在准备和预习你的演讲前，你必须仔细阅读以下的评分标准，以便你能更好地准备你的演讲。

每个团队的演讲将被评委匿名评分。所有的同学都是评委。老师将在演讲前将"评分评语表"（见表 14-1）发给每位评委。评委的评分和评语不会发给被评的团队。老师将去掉一个最高分、一个最低分和无效表，然后按照平均分给演讲团队打分。老师还将评价评委的给分和评语，决定其是否有效。如果出现下面任何一种情形，评分评语表将视为无效表：

表 14-1　评分评语表

课程设计最终演讲评分评语表：每一学生必须对每一演讲评分并写评语		
评分标准：优秀：5 分，良好：4 分，中等：3 分，不及格：2 分		
评委：	评委的团队名：	
演讲团队名：	演讲团队成员：	
	评价内容：请按以下内容评分	得分
1	团队演讲风格： 正视观众，移动、交互协调，有效使用指针工具，衣着正式	/5
2	表达： 发音清楚，语调起伏，吸引听众，用语正式，逻辑清晰，内容易懂	/5
3	技术内容 1： 内容提要，问题的定义，文献概述，可替用设计	/5
4	技术内容 2： 最终设计的讨论，创意，测试和评价结果，结论，经验教训	/5
5	团队精神： 成员间交接协调，内容转接平滑，每人演讲时间大致相同，演讲总时间符合最短和最长要求	/5
总分：以上 5 项的分数和		/25
评语：请评述该演讲的主要优点。特别给出扣分的理由。		

- 没有对所有 5 个评价内容打分
- 只给分，但没有写任何评语
- 给所有团队相同的分
- 所给的分远离平均分

如果一个评委的无效票超过 10%，对 10% 以上的每一张无效表，该评委的演讲分将被扣掉 1%。

机器人课程设计项目和比赛规则

在本课程中,一个课程设计项目将和每周的实验任务结合,同时进行。在每周的实验课中完成的实验任务,有助于完成设计项目,但是,设计项目的部分工作还需要作为课后作业来完成。课程设计项目的设计方案基于实验课的任务,但是,每个团队需要用更多的时间来把在实验室里学到的一切融会贯通,完成一个完整的工程项目。在这个项目过程中,你也学到了完成一个项目的工程设计过程。

A.1 绕越障碍机器人:课程设计项目概述

作为在该领域的工程师,你会与其他工程师一起发现和定义问题,设计解决方案。在本课程中,我们将模拟一个团队的工作环境。你作为一个工程师被放置在这样一个工程团队中。在这个项目中,你的团队将按照严格的工程进度,设计和构造一个可以执行不同操作的机器人。此外,你的团队将在正式会议中讨论所有团队工作相关的事宜,在会议纪要中记录讨论的重点、每周的进度、下周计划和要求。最后,每个团队必须制作专业的演示幻灯片并给全班做一个最终项目演讲。

A.1.1 目标

这个课程设计项目的目标如下:
1)模拟一个工程团队环境,提高学生的团队合作精神和能力。
2)让学生体验工程设计的完整过程。
①定义问题和要求。
②收集信息并进行研究。
③定义可替用的解决方案。
④建模与分析。
⑤仿真和原型。
⑥最终选型,实施,测试和评估。
3)通过会议纪要和演示幻灯片的准备,提高学生的技术写作能力和技巧。
4)通过正式会议和最终演讲,提高学生的沟通和表达能力。
5)练习在课程中学到的编程技巧和使用开发工具的技能

这个项目将给你和你的团队提供一个以结构化的方式解决问题的范例。你们将经历设计过程的所有阶段。经过这个过程,你们将开始更全面地了解工程问题解决的过程。你们将开始真正明白，为什么这些步骤如此排序，上一步的结果如何应用到下一步，以及在过程中为什么经常必须退回并重复前面的步骤，等等。这个项目中完成的每一项工作都将被记录在会议纪要中并在项目演讲中汇报。

A.1.2 项目定义

在这个项目中，你的团队将使用提供的组件设计并建造一个机器人，它可以执行所要求的任务，你的团队还将用这个机器人与其他团队制作的机器人进行比赛。

在项目要完成的多项任务中，你将要编写计算机程序来控制机器人智能导航，穿越迷宫。计算机程序必须使用传感器的输入为基础来实现人工智能绕越障碍。迷宫程序的执行过程中不能有人工干预。你还将设计计算机程序来控制机器人执行其他任务，如探宝（捡球）和相扑。在给定的比赛中，将对机器人的性能进行评估。竞赛规则将在后面另行描述。本课程每周的实验也是与本课程设计项目相关联的。这些实验完成了课程设计的基本部分。

A.1.3 约束和条件

在实验室配置了绕越障碍训练和比赛的场地：迷宫和相扑圈。

绕越障碍比赛场地设计如下左图所示。外围尺寸为427厘米（14英尺）长，182厘米（6英尺）宽，墙高为30厘米（1英尺）。相扑圈的直径是150（5英尺）厘米，如下右图所示。

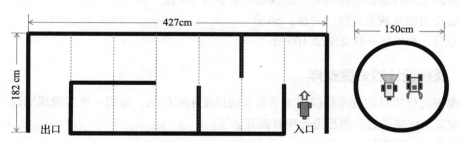

每个团队将使用一个乐高机器人实验箱来完成课程设计的硬件部分。除了可移动的装饰性部件外，比赛中不可使用任何其他部件。

你的团队应该根据本书的内容，在实验室中进行机器人编程。编程语言是 VPL，开发环境是 MRDS。当然，你可以从微软网站下载个人版的机器人开发工作室到你自己的计算机上，以便在实验室以外编程。

在项目执行过程中，不能损坏自己团队或其他团队的设备，也不能借用其他团队的程序或任何机械部件。最后的竞赛结束后，你的团队必须完好无损地归还所有部件，每一部件必须分类放到实验箱中规定的插槽里。

A.1.4 最终交付结果

项目结束时，必须交付以下三项主要最终交付结果：
1）符合要求的会议纪要，其中包括进度报告。
2）完成机器人比赛。
3）项目演讲。

A.1.5 报告写作格式和写作工具

你必须遵循写作和格式要求写出所有的会议纪要报告和幻灯片。所有的报告必须提交电子文档。建议使用 Microsoft Word、Excel 和 PPT 来创建文档。用其他工具创建的文档必须存为 PDF 格式提交。

A.1.6 项目评分标准

课程设计中的所有项目都将以团队来评分。团队的分数将按贡献的百分比分配给每一成员。贡献的百分比将由成员之间秘密互评。评价的内容是每位成员对课题进展的贡献写正式会议纪要的贡献,以及演示幻灯片设计和演讲的贡献。互评分数直接提交给老师。下面是每个项目的整体分数[⊖]:

- 演示幻灯片设计:100 分
- 演讲:100 分
- 机器人竞赛
  - 比赛 1:寻宝,100 分 +50 奖励积分
  - 比赛 2:穿越迷宫,100 分 +50 奖励积分
  - 比赛 3:相扑机器人,50 分
- 按时交回拆卸好和排列整齐的机器人盒子[⊖]:50 分
- 提交对团队成员贡献的评价:50 分
- 总分:550 分 + 最高奖励 100 分

A.1.7 课程设计的进度安排

本课程设计项目的进度是根据本书实验的进度来安排的,每周一次实验课完成一章的内容。当准备工作完成后,课程设计项目就开始了。

实验 1:团队建设。

实验 2、3、4:学习 VPL 编程和机器人构建。

实验 5:继续学习 VPL 编程和机器人构建。发布课程设计的要求。

实验 6:第一次团队会议并提交会议纪要。你必须命名文件为"团队会议纪要 1.zip"。在第一次会议中,你们将集思广益(头脑风暴技术),收集解决在本文档中定义的问题的想法。在会议纪要中,你的团队将记录在头脑风暴中收集的想法,学习创建 KTDA 加权评价表。并使用加权评价表来评价不同方案的得分。

实验 7:第二次团队会议并提交会议纪要。你必须将文件命名为"团队会议纪要 2.zip"。在本次会议上,遵循项目管理和项目规划的过程来计划你的项目执行时间表。在会议纪要中必须包括整个项目的甘特图和对可替用设计的 KTDA 加权评价表。

实验 8:这周的实验不需举行正式的团队会议。集中精力完成迷宫程序。

实验 9:第三次团队会议并提交会议纪要。你必须将文件命名为"团队会议纪要 3.zip"。

⊖ 团队每周会议纪要在实验课中完成。分数包括实验课分数中,因此分数不记在课程设计项目中。

⊖ 根据组件插槽对应图(什么组件应放入实验箱的什么插槽),每个组件必须放入正确的插槽里。如果组件排序不正确,你会丢分。如果丢失或损坏组件,该团队负责购买相同类型的组件进行替换。

完成3个迷宫算法的性能评价表格和最终设计的选择。

实验10：机器人竞赛练习。第四次团队会议并提交会议纪要。你必须将文件命名为"团队会议纪要4.zip"。在这次实验中，准备你的团队在一起工作的合影和参加最后演示的机器人的照片和视频，为制作演示幻灯片做准备。

实验11：机器人竞赛。

实验13：第五次团队会议并提交会议纪要。你必须将文件命名为"团队会议纪要5.zip"。在本次会议中，你将按照工程过程准备你的演讲。

实验14：最终演讲。

本书的第11章和第12章是选修实验，介绍机器人之外的编程课题。这一课题有较大的弹性。可用2～4周实验来完成。授课老师可根据课程的需要来决定是否采用和用几周来完成。把这部分内容放在准备幻灯片和口头演讲之间，是让学生有足够的时间来准备幻灯片和口头演讲。

A.2 会议纪要的格式

在课程设计项目的执行过程中，团队的正式会议必须按期举行。正式会议的要求包括正式的会议纪要。

请严格按照下面的格式记录和整理会议纪要。会议纪要必须提交文本，会后发给所有参会成员，并按要求作为作业提交。不接受手写的报告。会议纪要的最小长度是两页，最大长度为3页。

会议纪要

团队名：会议日期和时间：

会议主持人：　　记录人：

参会者：

议程（必须会前发给参会者）：

工作进度报告：
每个团队成员首先报告自上次会议以来自己取得了哪些进展。是否完成分配的任务。然后集体讨论整个团队取得了哪些进展。是不是所有的成员都相信，你们的团队是在完成项目的正确轨道上，在此轨道上，你的团队能够按期完成项目吗？必须简要记录所有讨论。

其他事项的讨论：

做出的决定：

必须执行的任务分配:
每个成员会后需要执行的任务,在下次会议上必须汇报进展。这些任务的完成,可确保未来一周你们的团队将在完成项目的正确轨道上,在此轨道上,你的团队能够按期完成项目。

下一次会议的议程:
包括将要讨论的事项和下次会议的时间和地点。

成员对团队一周进展的贡献分布表

成员名	完成的任务	贡献 %	参加今天会议吗?
			是 [ ] 否 [ ]
			是 [ ] 否 [ ]
			是 [ ] 否 [ ]
			是 [ ] 否 [ ]

附录(页数不受限制):
提供所需的文件,例如头脑风暴想法列表(会议纪要1)、甘特图和对可替换设计的KTDA加权评价表(会议纪要2)、迷宫算法的评价和选择(会议纪要3)、团队的工作合影和机器人的照片和视频(会议纪要4),或演讲幻灯片初稿(会议纪要5)。

以上内容必须会后作为作业提交。

A.3 项目贡献和团队成员评价表格

A.3.1 提交期日

每个学生在完成最终演讲后24小时内必须提交这一评价表。同组成员互评是个人的活动。每人都必须提交。提交互评对你的课题设计的最后得分是非常重要的。提交表本身就有50分,而且,贡献的百分比还要用来分配课题设计中各项目的得分。如果你选择不按时提交互评表单或不正确地填写表格,你的贡献百分比将完全由团队其他成员的互评来决定。

A.3.2 互评评分量规

虽然每人的给分是不公开的,你必须客观公正地对你的团队成员在以下三个方面的贡献进行评分。如果团队成员间对各项任务有明确分工,使每人在各项任务的参与程度不同,成员间就必须讨论如何合理地把以下的评分量规应用到你们的任务分配模式上。

1. 对演示幻灯片的设计,演讲排练和最终演讲的贡献
满分为10分。请按照以下的评分规则来打分。
10分:该成员完整地设计了分配给他的部分幻灯片并满足所有的设计要求,积极帮助其他成员来设计他们的幻灯片和演讲,参加了所有的排练,在最终演讲中流利地讲述了自己的部分。整体工作量达到或超过了成员的平均工作量和平均贡献。

9分：与10分的标准相同。然而，有个别的小问题，扣除1分。

8分：该成员在三方面的工作中，某一方面有不足：1）只完成了一部分的幻灯片设计；2）未能参加每次排练；3）演讲不完整，有遗漏点。

7分：与8分的标准相同。然而，有个别的小问题，扣除1分。

6分：该成员在三方面的工作中，有两方面存在不足：1）只完成了一部分的幻灯片设计；2）未能参加每次排练；3）演讲不完整，有遗漏点。

5分：与6分的标准相同。然而，有个别的小问题，扣除1分。

4分：该成员在所有三方面的工作中均有明显不足。

3分：与4分的标准相同。而且，有严重不足，再扣1分。

2分：该成员对所有三方面的工作贡献微小。

1分：该成员对所有三方面的工作均无贡献。

0分：该成员完全没有参与。

2. 对机器人的设计、编程和竞赛工作准备中的贡献

满分为10分。请按照以下的评分规则来打分。

10分：该成员完整地完成了分配给他的对机器人的设计、编程和竞赛工作的准备。整体工作量达到或超过了成员的平均工作量和平均贡献。

9分：与10分的标准相同。然而，有个别的小问题，扣除1分。

8分：该成员在三方面的工作中，某一方面有不足：1）机器人设计部分有不足；2）编程部分有不足；3）竞赛工作的准备工作方面有不足。

7分：与8分的标准相同。然而，有个别的小问题，扣除1分。

6分：该成员在三方面的工作中，有两方面存在不足：1）机器人设计部分有不足；2）编程部分有不足；3）竞赛工作的准备工作方面有不足。

5分：与6分的标准相同。然而，有个别的小问题，扣除1分。

4分：该成员在所有三方面的工作中均有明显不足。

3分：与4分的标准相同。而且，有严重不足，再扣1分。

2分：该成员对所有三方面的工作贡献微小。

1分：该成员对所有三方面的工作均无贡献。

0分：该成员完全没有参与。

3. 对正式会议主持、记录和参与的贡献

满分为10分。请按照以下的评分规则来打分。

10分：该成员有效地主持了分配给他的会议主持任务，会议纪要完全符合要求，参与每次会议并积极发言讨论。在正式会议的主持、记录和参与中达到或超过了成员的平均工作量和平均贡献。

9分：与10分的标准相同。然而，有个别的小问题，扣除1分。

8分：如果该成员在三方面的工作中，某一方面有不足：1）主持会议部分有不足；2）会议纪要部分有不足；3）参与和讨论方面有不足。

7分：与8分的标准相同。然而，有个别的小问题，扣除1分。

6分：该成员在三方面的工作中，有两方面存在不足：1）主持会议部分有不足；2）会议纪要部分有不足；3）参与和讨论方面有不足。

5分：与6分的标准相同。然而，有个别的小问题，扣除1分。

4分：该成员在所有三方面的工作中均有明显不足。

3分：与4分的标准相同。而且，有严重不足，再扣1分。

2分：该成员对所有三方面的工作贡献微小。

1分：该成员对所有三方面的工作均无贡献。

0分：该成员完全没有参与。

请仔细阅读以上的评分规则并严格按照评分量规打分。把分数填写在下面的表格中。

团队名：		评阅人：	
被评人	幻灯片和演讲得分	机器人设计、编程和比赛得分	会议主持、纪要和参与得分
自己			
成员2			
成员3			
成员4			

给分理由与评语（请写详细，如果你不写理由与评语，你的评价将不被计算在内）。

自己得分的理由：

1）幻灯片和演讲得分的理由。

2）机器人设计、编程和比赛得分的理由。

3）会议主持、纪要和参与得分的理由。

成员2得分的理由：

1）幻灯片和演讲得分的理由。

2）机器人设计、编程和比赛得分的理由。

3）会议主持、纪要、参与得分的理由。

成员3得分的理由：

1）幻灯片和演讲得分的理由。

2）机器人设计、编程和比赛得分的理由。

3）会议主持、纪要和参与得分的理由。

成员4得分的理由：

1）幻灯片和演讲得分的理由。

2）机器人设计、编程和比赛得分的理由。

3）会议主持、纪要和参与得分的理由。

4. 互评的分数如何影响你的课程设计课题的总分

假设你的团队的设计课题的总成绩是400分。如果每位成员的贡献是平均的，每人的设计课题的总成绩也是400分。然而，如果成员的贡献不是平均的，那么，贡献高于平均值的成员将获得比400分更高的分，而贡献低于平均值的成员将获得比400分更低的分。

我们将用一个例子来说明互评的分数如何影响你的课程设计课题的总分。

如果一个团队有3名成员：成员A、成员B、成员C。

成员 A 的互评分数是：8+7+10 = 25
成员 B 的互评分数是：8+9+9 = 26
成员 C 的互评分数是：5+8+9 = 22
互评的总分是：25 + 26 + 22 = 73。于是
成员 A 对设计课题贡献的百分比是：25/73 = 34.24%
成员 B 对设计课题贡献的百分比是：26/73 = 35.62%
成员 C 对设计课题贡献的百分比是：22/73 = 30.14%
如果你的团队的设计课题的总成绩是 400 分，则每个成员的得分将按贡献的百分比进行如下调整：

成员 A 的得分是：400 × (34.24/33.33) = 411
成员 B 的得分是：400 × (35.62/33.33) = 427
成员 C 的得分是：400 × (30.14/33.33) = 312
33.33 是每人应做的平均贡献。
注意：任何成员的课程设计项目的得分不能高于 650 分（550+100）。

A.4　机器人竞赛的比赛规则和评分标准

此比赛规则和评分标准仅供参考。授课老师可根据实验和课程的内容和进度进行调整。

A.4.1　比赛内容

比赛 1：使用远程控制的寻宝游戏。总分 100 分，最多 50 分奖励分。
比赛 2：使用人工智能（自治）的迷宫导航游戏。总分 100 分，最多 50 分奖励分。
比赛 3：自治的相扑机器人比赛。总分 50 分。

A.4.2　适用于所有竞赛的比赛规则

- 每个组在进入比赛环节以前，必须完成所有的控制程序。
- 每个组可以使用自己的笔记本电脑来运行控制程序，远程控制机器人，也可以使用实验室里的电脑来控制机器人。
- 比赛顺序在竞赛前随机产生。前两个比赛使用相同的顺序。
- 助教当比赛裁判。
- 实验指导老师当评判人。评判人解释比赛规则和评分标准。

1. 比赛 1 的规则

比赛 1 的示意图如图 A-1 所示：
- 机器人和执行器是分离的，都放置在起点处。
- 机器人需要尽可能快地找到球，并把球移动到终点处。
- 机器人由远端预编好程序的电脑控制。
- 一个组员可以操作电脑（操作员）。
- 如果操作员看不到机器人，其他的组员可以使用手势来告诉他。

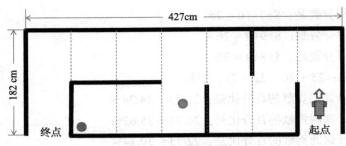

图 A-1　比赛 1 的规则

图 A-2 展示了不同视野。

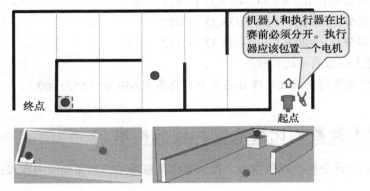

图 A-2　比赛 1 场景图

2. 比赛 1 的评分标准

必选操作的评分：
- 把执行器添加到机器人上，并把机器人放置在起点处　　20 分
- 机器人可以自行运动　　20 分
- 机器人可以通过远端电脑控制运动　　20 分
- 机器人接触到宝物（每个 10 分）　　20 分
- 机器人将宝物带到终点处（每个 10 分）　　20 分

上述的操作应该在 3 分钟内完成，比赛时间是 3 分钟。

奖励分：
- 机器人将两个球带到终点处所花费的时间将被用来决定比赛名次。只有当两个球都被带到终点处时，才能加奖励分。
- 奖励分的加分规则如下：
  - 第 1 名　　50 分
  - 第 2 名　　40 分
  - 第 3 名　　30 分
  - 第 4 名　　20 分
  - 第 5 名　　10 分

扣分标准：

- 如果机器人或者控制电脑在比赛开始 15 秒以后还没有准备就绪，将扣团队成绩 5 分，同时该机器人将被放置在准备参加比赛的机器人队列的末尾。如果该队列没有其他机器人，则该机器人必须立即开始比赛。只对奖励分进行扣分。
- 如果有组员缺席比赛，则扣该组员成绩 50 分。

3. 比赛 2 的规则

比赛 2 的示意图如图 A-3 所示：

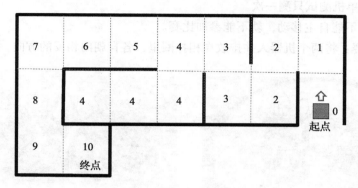

图 A-3　比赛 2 的规则

可以使用哪些迷宫遍历程序？
- 比赛对迷宫遍历程序没有限制。
- 使用你所实现的最好的程序。

将机器人放置在起点处。一旦启动机器人，就不允许人工控制或者影响传感器。机器人只能自己寻找达到终点的路径。迷宫中的各个区域标记有数字。以机器人最后达到的位置（区域）来确定比赛成绩。通过以下几种情况中的一种来确定机器人最后达到的最终位置：
- 组员接触机器人的位置。当机器人准备往回走时，组员可以接触机器人。
- 机器人困在某个位置一段时间（15 秒），裁判员可以判定该位置为机器人的最终位置。
- 比赛结束时机器人所在的位置。

从终点处到开始处，反方向再进行一次比赛。

两次比赛的时间都为 3 分钟。

4. 比赛 2 的评分标准

正方向：机器人将自己从起点达到终点。所达到位置的数字将被用来确定比赛成绩：所在位置数字 ×7.5 分为正向比赛的得分。

反方向：机器人从终点出发，反方向开始比赛，看机器人能否达到起点。机器人最后达到的位置将被用来确定比赛成绩：(10− 所在位置数字) ×7.5 分为反向比赛的得分。

迷宫中各位置对应的数字最大为 10。因此比赛成绩最高是 2×10×7.5=150 分。得到 100 分就认为是满分，另外的 50 分是奖励分。

扣分标准：
- 如果机器人或者控制电脑在比赛开始 15 秒以后还没有准备就绪，将扣团队成绩 5 分，同时该机器人将被放置在准备参加比赛的机器人队列的末尾。如果该队列没有其他机器人，则该机器人必须立即开始比赛。
- 如果有组员缺席比赛，则扣该组员成绩 50 分。

5. 比赛 3 的规则

1）单机测试：将单个机器人放在相扑圈里。在 10 秒钟内，机器人必须移动，传感器必须能探测黑色的相扑圈，并始终待在圈里。如果成功探测到相扑圈并保持在圈里，将得到 10 分；如果没有检测到相扑圈，只是待在圈里运动，将得到 5 分。如果在 10 秒钟内冲出相扑圈，只得 3 分。单机测试只测一次。

如果机器人不能自主移动，就不能参加比赛。

2）双机比赛：将两个机器人并排放在相扑圈里，各自朝向相反的方向，如图 A-4 所示。

图 A-4　比赛 3 场景

每次比赛的时间是 1 分钟。如果机器人将对手推出相扑圈，或者将对手推翻，则获胜。如果两个机器人在比赛时间结束时都待在相扑圈里，则是平局。胜者得 20 分，负者得 10 分。如果平局，各得 15 分。每个机器人将与另外两个机器人比赛。因此，最高分将是 50 分（20+20+10）。

比赛前，每个团队将抽到一个号码。如果有 12 个队，则两轮比赛安排表为：

第 1 轮：
- 第 1 队 VS. 第 2 队
- 第 3 队 VS. 第 4 队
- 第 5 队 VS. 第 6 队
- 第 7 队 VS. 第 8 队
- 第 9 队 VS. 第 10 队
- 第 11 队 VS. 第 12 队

第 2 轮：
- 第 1 队 VS. 第 3 队
- 第 2 队 VS. 第 4 队
- 第 5 队 VS. 第 7 队
- 第 6 队 VS. 第 8 队
- 第 9 队 VS. 第 11 队
- 第 10 队 VS. 第 12 队

A.4.3 三个比赛的记分板

三个比赛的记分板

组号	团队名	寻宝比赛成绩	迷宫比赛成绩	相扑单机测试	相扑比赛成绩	最终成绩
1						
2						
3						
4						
5						
6						
7						
8						
9						
10						
11						
12						

推荐阅读

深入理解计算机系统(原书第3版)

作者:[美] 兰德尔 E. 布莱恩特 等 译者:龚奕利 等 书号:978-7-111-54493-7 定价:139.00元

理解计算机系统首选书目,10余万程序员的共同选择
卡内基-梅隆大学、北京大学、清华大学、上海交通大学等国内外众多知名高校选用指定教材
从程序员视角全面剖析的实现细节,使读者深刻理解程序的行为,将所有计算机系统的相关知识融会贯通
新版本全面基于X86-64位处理器

  基于该教材的北大"计算机系统导论"课程实施已有五年,得到了学生的广泛赞誉,学生们通过这门课程的学习建立了完整的计算机系统的知识体系和整体知识框架,养成了良好的编程习惯并获得了编写高性能、可移植和健壮的程序的能力,奠定了后续学习操作系统、编译、计算机体系结构等专业课程的基础。北大的教学实践表明,这是一本值得推荐采用的好教材。本书第3版采用最新x86-64架构来贯穿各部分知识。我相信,该书的出版将有助于国内计算机系统教学的进一步改进,为培养从事系统级创新的计算机人才奠定很好的基础。

—— 梅 宏 中国科学院院士/发展中国家科学院院士

  以低年级开设"深入理解计算机系统"课程为基础,我先后在复旦大学和上海交通大学软件学院主导了激进的教学改革……现在我课题组的青年教师全部是首批经历此教学改革的学生。本科的扎实基础为他们从事系统软件的研究打下了良好的基础……师资力量的补充又为推进更加激进的教学改革创造了条件。

—— 臧斌宇 上海交通大学软件学院院长